Marco Antonio Gullo

ESTACIONAMENTOS
diretrizes de projeto e perícias

Copyright © 2022 Oficina de Textos

Grafia atualizada conforme o Acordo Ortográfico da Língua Portuguesa de 1990, em vigor no Brasil desde 2009.

Conselho editorial Arthur Pinto Chaves; Cylon Gonçalves da Silva; Doris C. C. K. Kowaltowski; José Galizia Tundisi; Luis Enrique Sánchez; Paulo Helene; Rozely Ferreira dos Santos; Teresa Gallotti Florenzano; Aluízio Borém

Capa e projeto gráfico Malu Vallim
Foto capa Sven Mieke (www.unsplash.com)
Diagramação Victor Azevedo
Preparação de figuras Carolina Rocha Falvo
Preparação de textos Hélio Hideki Iraha
Revisão de textos Ana Paula Ribeiro
Impressão e acabamento BMF gráfica e editora

Dados Internacionais de Catalogação na Publicação (CIP)
(Câmara Brasileira do Livro, SP, Brasil)

Gullo, Marco Antonio
 Estacionamentos : diretrizes de projeto e perícias / Marco Antonio Gullo. -- São Paulo : Oficina de Textos, 2021.

ISBN 978-65-86235-40-1

 1. Estacionamento de automóveis - Legislação - Brasil 2. Normas técnicas e legislações 3. Regulamentação - Brasil I. Título.

21-89766   CDD-620.0013

Índices para catálogo sistemático:
1. Estacionamentos : Edificações : Avaliação e perícias : Engenharia diagnóstica 620.0013

Aline Graziele Benitez - Bibliotecária - CRB-1/3129

Todos os direitos reservados à **Editora Oficina de Textos**
Rua Cubatão, 798
CEP 04013-003 São Paulo SP
tel. (11) 3085-7933
www.ofitexto.com.br
atend@ofitexto.com.br

prefácio

A rotina do Engenheiro Diagnóstico em Edificações exige conhecimento multidisciplinar em diversas áreas ou especialidades da Engenharia e da Arquitetura, tal qual o Clínico Geral na Medicina.

Diante desse conceito básico, o Engenheiro Diagnóstico poderá enfrentar questões técnicas que o obrigarão a atuar na análise ou na auditoria técnica de projetos executivos e de arquitetura, seja na prestação de serviços privados, seja para atender o Poder Judiciário, e não poderá estar limitado ao aprendizado acadêmico, sabidamente omisso ou falho nos ensinamentos de diversas atividades e sistemas construtivos.

Para tanto, caberá ao profissional especialista em Engenharia Diagnóstica estar capacitado para realizar a leitura precisa dos projetos executivos, incluindo avaliar as condições técnicas envolvendo os espaços projetados para circulação, manobra e estacionamento de veículos automotores, seja para conferir qualidade no usufruto das vagas, seja para avaliar a correção técnica, na qualidade de consultor ou de perito de engenharia.

A experiência profissional de décadas diante da necessidade de criar soluções para a melhoria dos espaços nos estacionamentos e em face dos embates entre os usuários das vagas de estacionamento e seus construtores, assim como a vivência que permitiu conhecer a fragilidade do meio técnico e a carência de bibliografia específica, estimulou o aprofundamento por parte deste autor e a produção desta obra técnica, visando orientar os profissionais que precisam atuar nessa específica matéria.

Além das motivações profissionais, a ausência da razoabilidade em razão das diferentes regras exigidas nas legislações municipais que ditam os estacionamentos coletivos expostos a uma mesma frota veicular fez vislumbrar a possibilidade da unificação das diretrizes de projeto dos estacionamentos.

O objetivo deste livro é a apresentação de diretrizes gerais para projeto de estacionamentos coletivos em edifícios no território nacional, permitindo ao setor produtivo aplicar conceitos atualizados para fornecer produtos com medidas ideais ao seu público-alvo e ao leitor projetista ou perito de engenharia interpretar as legislações municipais, além de conhecer os principais aspectos técnicos que permitem o usufruto das vagas com segurança e comodidade, por toda sorte de usuário, incluindo os motoristas novatos ou aqueles que, com o passar da vida, reduziram a capacidade motora e cognitiva, todos conduzindo veículos ordinários.

Por fim, e não poderia ser diferente, cabe agradecer àqueles que agregaram conhecimento técnico essencial à publicação, em especial a Prof. Dra. Adriana Camargo de Brito, o Prof. Dr. André Luiz Gonçalves Scabbia, O Prof. Dr. Milton Braga e a Arquiteta Esp. Erica Dallariva.

introdução

As características técnicas dos veículos são determinantes para a delimitação dos espaços mínimos para manobra, circulação e estacionamento. Os veículos que compõem a frota nacional possuem as mesmas características técnicas que determinam a dirigibilidade, todavia há inúmeras legislações municipais contendo exigências diversas relativas aos espaços dos estacionamentos, sendo constatadas as ausências de uniformidade entre os regramentos e de demonstrativos técnicos capazes de conferir lastro às diferentes medidas legais requeridas em todo o País.

Confirmando a relevância da promoção dos estudos técnicos envolvendo as diretrizes dos projetos de estacionamento, não somente nas legislações municipais brasileiras, o Whole Building Design Guide (WBDG), site conduzido por profissionais do governo e do setor privado americano, patrocinado por importantes organismos daquele país, entre os quais os Departamentos de Defesa e de Energia e a Nasa, publicou estudo técnico sobre projeto de estacionamento elaborado pela United States Air Force (Usaf, 1998), assim como, na Alemanha, de acordo com Rudolf Eger (2013), as principais cidades, ao limitarem as ocupações das áreas centrais pelas construções de estacionamentos, exigem maior eficiência dos projetos de estacionamento.

A diversidade de regras exigidas nos projetos, impostas pelas legislações municipais e que determinam as dimensões das vagas, das áreas para manobra e das faixas de circulação dos veículos nos estacionamentos, não se justifica, já que os condicionantes para a determinação dos espaços dependem, principalmente, das características técnicas dos veículos comercializados, e não dos usuários.

A existência de normas técnicas nacionais aplicáveis ao projeto de estacionamentos em edificações residenciais, envolvendo a segurança dos usuários e a acessibilidade a pessoas em cadeiras de rodas ou com baixa mobilidade, impõe que os projetos atendam as mesmas exigências técnicas normativas, tornando necessário unificar as exigências técnicas para o regramento dos espaços em estacionamentos.

Concomitantemente às exigências técnicas oriundas das características dos veículos e das exigências de segurança e mobilidade, compete apontar os demais condicionantes para os projetos de estacionamento a serem compatibilizados com os principais projetos de um empreendimento residencial, em especial os projetos arquitetônicos e das instalações prediais.

Compete, a título de previsão não muito distante da atual realidade, e embora não sendo o enfoque deste livro, atentarmos às mudanças globais e aos impactos que deverão ser causados pelo desenvolvimento da tecnologia automotiva e pela alteração dos costumes das sociedades globalizadas.

O conceito dos veículos autônomos, realidade já experimentada e em desenvolvimento pela indústria automobilística mais tecnológica, em especial as indústrias americana e alemã, prevê que os veículos sejam guiados por sistemas lógicos computadorizados e interligados em redes avançadas de transmissão móvel, a serem guiados pelos satélites através dos sinais de GPS.

Não obstante a previsão da futura diminuição do número de vagas, a partir do surgimento dos aplicativos de transporte, dos veículos autônomos e do crescente uso das bicicletas e dos equipamentos mecânicos, que podem impactar em médio e longo prazos os projetos dos estacionamentos habitacionais, o atual estado da arte do mercado imobiliário, em que o número de vagas tende a se igualar ao número de moradores nas unidades habitacionais, valida a atual necessidade de formulação das diretrizes para projeto de estacionamento de veículos em edifícios residenciais, considerando requisitos e critérios das diversas legislações e normas nacionais, bem como as características da frota nacional de veículos e as necessidades dos usuários.

sumário

1. Conceito – 9

2. Legislações – 12
   2.1 Legislações referentes ao trânsito/tráfego de veículos – 12

3. Instruções e normas estrangeiras – 34
   3.1 Projeto de estacionamento (Portugal) – 34
   3.2 Parâmetros críticos de projeto para garagens (Alemanha) – 39
   3.3 Considerações de projeto de estacionamento (Estados Unidos) – 44

4. Normas, regulamentos e instruções técnicas nacionais – 48
   4.1 NBR 9050 (ABNT, 2020b) – acessibilidade a edificações, mobiliário, espaços e equipamentos urbanos – 48
   4.2 NBR 9077 (ABNT, 2001) – saídas de emergência em edifícios – 50
   4.3 Instruções Técnicas do Corpo de Bombeiros do Estado de São Paulo – 51
   4.4 NBR 5410 (ABNT, 2008) – instalações elétricas de baixa tensão – 53
   4.5 Instalações hidráulicas – 53

5. Características da frota de veículos circulante no território nacional – 55
   5.1 Comprimento, largura, altura e diâmetro de giro – 55
   5.2 Inclinação máxima das rampas – 63

6. Aspectos técnicos não abordados em normas e legislações – 68
   6.1 Faixa de circulação em curva – 69
   6.2 Limitações impostas por elementos construtivos – 71
   6.3 Espaços de manobra (ou faixas de acesso) – 73

7. Proposta e critérios técnicos para criação de vagas em espaços restritos nos estacionamentos – 80

8. Diretrizes de projeto para espaços de estacionamento – 93
    8.1 Comprimento das vagas – 95
    8.2 Largura das vagas – 95
    8.3 Altura das vagas – 106
    8.4 Larguras das faixas de circulação – 108
    8.5 Larguras das faixas de acesso às vagas – 110
    8.6 Largura da faixa de circulação em curva – 117
    8.7 Rampa admissível (inclinação máxima) – 122
    8.8 Área de manobra – 127
    8.9 Faixa protegida (circulação e acesso dos pedestres) – 127
    8.10 Proteção aos acessos dos equipamentos prediais e de segurança – 128

9. Compilação das diretrizes – 131

10. Atuação do engenheiro diagnóstico – 135
    10.1 Auditoria dos estacionamentos – 135
    10.2 Consultoria técnica – 137

11. Previsão para um futuro não muito distante – 139

    Referências bibliográficas – 141

um

Conceito

Para a fundamentação desta publicação, foram realizadas pesquisas voltadas às legislações dos municípios brasileiros abarcando tópicos relativos aos estacionamentos e verificadas as regulamentações criadas por órgãos oficiais federais ou estaduais responsáveis pelo trânsito e pela circulação dos veículos, assim como investigada a existência de publicações técnicas estrangeiras que pudessem agregar dados técnicos capazes de validar tudo quanto apurado no regramento nacional existente para as diretrizes de estacionamento. Isso comprova a proposição embrionária de que não há diferenças relevantes a serem consideradas nos espaços para estacionamento, manobra e circulação de veículos automotores entre as cidades de todo o mundo, especialmente no atual estado da arte em que as montadoras produzem veículos globais.

Tomando-se como fundamento básico a premissa de que os veículos possuem características técnicas similares em qualquer região do País, e que delas surgem as regras e as diretrizes de estacionamento, a segunda demanda dos estudos concentrou-se em pesquisar, dentro da frota nacional, as medidas dos veículos que circulam nas ruas e, por fim, ocupam os estacionamentos coletivos.

Tendo em vista as particularidades nas geometrias e nas limitações impostas pelas áreas dos estacionamentos confinados entre paredes, elementos estruturais ou quaisquer outras obstruções físicas circunvizinhas, foram desenvolvidos estudos técnicos parametrizados na experiência profissional acumulada dos trabalhos de auditoria em estacionamentos coletivos. Os estudos visam demonstrar, na prática, as interferências diversas que restringem os espaços das vagas e as manobras para acesso. Estudos estes instigados pela constatação da carência de material técnico, inclusive estrangeiro, capaz de nortear os profissionais que atuam no setor e os estudantes interessados em ingressar na área.

Dos estudos desenvolvidos incentivados pela experiência prática envolvendo os raios de giro dos veículos e as larguras das vagas, bem como das faixas de acesso, pôde-se criar correspondência geométrica entre as larguras das vagas e as respectivas faixas de acesso, que permitiu criar vagas de estacionamento acessadas por vias com larguras reduzidas em relação às regradas pelas legislações municipais, desde que as larguras das vagas fossem majoradas. Tal condição favorece que áreas restritas e com geometrias irregulares, eventualmente presentes nos espaços edificáveis, sejam aproveitadas nos projetos dos estacionamentos coletivos.

Insta destacar os enfoques legais e técnicos que permitem dar lastro à presente publicação, nomeadamente o levantamento das medidas das vagas e das faixas de circulação em todas as 26 capitais e no Distrito Federal e o levantamento de dados técnicos de veículos das principais montadoras automotivas.

O estudo das medidas dos estacionamentos permitiu a tabulação das exigências técnicas comuns à maioria dos municípios brasileiros, sem prejuízo do destaque de importantes especificidades, sendo pesquisados os Códigos de Obras e Edificações, as Leis de Uso e Ocupação do Solo e os Planos Diretores dos municípios.

Os levantamentos dos dados técnicos dos veículos, expostos em tabelas e contendo, em especial, as medidas de largura, comprimento, altura, diâmetro de giro e inclinação máxima da rampa para a movimentação dos veículos, foram obtidos por meio dos manuais dos proprietários, acessados pelos sites das montadoras. Vale salientar que o diâmetro de giro, embora pouco conhecido pelos motoristas ou pelos próprios proprietários dos veículos, responde pela maior ou menor facilidade de estacionamento.

Objetivando viabilizar maior número de vagas para estacionamento em espaços restritos, as correlações entre as larguras das vagas e as larguras das faixas de acesso com raios de giro padronizados dos veículos foram levantadas e demonstraram-se imprescindíveis para a formulação das diretrizes de estacionamento.

Em complemento, foram levantadas exigências específicas demandadas por documentos técnicos vigentes em todo o território nacional, em especial as normas técnicas da Associação Brasileira de Normas Técnicas (ABNT) relativas à segurança, à acessibilidade e às instalações prediais.

Por fim, tendo como origem as pesquisas, os levantamentos de dados veiculares e os estudos promovidos, coube formular as principais exigências técnicas entendidas como adequadas a serem enfocadas nos projetos de estacionamentos coletivos:

- medidas mínimas de largura, comprimento e altura livre das vagas para estacionamento;
- larguras mínimas das faixas de circulação de acesso às vagas;
- larguras mínimas das faixas de circulação dos veículos;
- larguras mínimas das faixas de circulação em curva dos veículos;
- altura mínima livre (pé-direito) das faixas de circulação;
- inclinação máxima das rampas;
- área mínima para manobra e guarda provisória dos veículos;
- interação entre veículos e pedestres;
- limitações de posicionamento das vagas;
- acessibilidade e circulação de pessoas;
- interação das áreas de estacionamento com instalações prediais.

Vale salientar que não foram considerados aspectos legais exigidos pelos municípios relacionados à mobilidade urbana, a exemplo dos congestionamentos causados por estacionamentos que apresentam dificuldade para ingresso e/ou acomodação dos veículos eventualmente em espera para liberação de entrada.

dois

Legislações

Não obstante a maioria dos principais municípios brasileiros possuírem legislação própria regrando os espaços de estacionamento, em especial os Códigos de Obras, as Leis de Uso e Ocupação do Solo e os Planos Diretores, cabe destacar o Código de Trânsito Brasileiro e os regramentos derivados de instituições de ordenamento público subordinadas, seguidoras dessa lei maior, particularmente o Departamento Nacional de Trânsito (Denatran), presidindo o Conselho Nacional de Trânsito (Contran) e o Departamento Nacional de Infraestrutura de Transportes (DNIT).

Ainda que esta publicação tenha optado por buscar estudos técnicos desenvolvidos em diversas regiões do País, não há como evitar o destaque dos manuais e boletins técnicos da Companhia de Engenharia de Tráfego (CET), empresa da Prefeitura de São Paulo destinada ao gerenciamento e à fiscalização das vias urbanas da cidade que possui a maior frota circulante de veículos do País.

2.1 Legislações referentes ao trânsito/tráfego de veículos

2.1.1 Código de Trânsito Brasileiro (CTB – Lei nº 9.503, de 23 de setembro de 1997)

Cabe destacar alguns capítulos relevantes do Código de Trânsito para os estacionamentos coletivos em edificações:

CAPÍTULO VII DA SINALIZAÇÃO DE TRÂNSITO
[...]
§ 3° A responsabilidade pela instalação da sinalização nas vias internas pertencentes aos condomínios constituídos por unidades autônomas e nas vias e áreas de estacionamento de estabelecimentos privados de uso coletivo é de seu proprietário.
[...]
Art. 86. Os locais destinados a postos de gasolina, oficinas, estacionamentos ou garagens de uso coletivo deverão ter suas entradas e saídas devidamente identificadas, na forma regulamentada pelo CONTRAN.
Art. 86-A. As vagas de estacionamento regulamentado de que trata o inciso XVII do art. 181 desta Lei deverão ser sinalizadas com as respectivas placas indicativas de destinação e com placas informando os dados sobre a infração por estacionamento indevido.
[...]
Art. 93. Nenhum projeto de edificação que possa transformar-se em pólo atrativo de trânsito poderá ser aprovado sem prévia anuência do órgão ou entidade com circunscrição sobre a via e sem que do projeto conste área para estacionamento e indicação das vias de acesso adequadas.
[...]
Art. 97. As características dos veículos, suas especificações básicas, configuração e condições essenciais para registro, licenciamento e circulação serão estabelecidas pelo CONTRAN, em função de suas aplicações. (Brasil, 1997).

2.1.2 Conselho Nacional de Trânsito (Contran)

Em sequência ao levantamento dos regramentos legais que podem ser implementados nos estacionamentos coletivos, e até mesmo por força do Código de Trânsito Brasileiro (conforme desígnio do art. 97 citado anteriormente), a Resolução n° 236, de 2007, denominada "Sinalização horizontal", que tem por definição o objetivo de "uniformização e padronização da Sinalização Horizontal, configurando-se como ferramenta de trabalho importante para os técnicos que trabalham nos órgãos ou entidades de trânsito em todas as esferas", em seu capítulo 8, nomeado "Marcas de delimitação e controle de estacionamento e/ou parada", apresenta as Figs. 2.1 a 2.6, que ilustram as diversas formas regulamentadas para demarcação dos espaços de estacionamento de automóveis e motocicletas, caracterizadas pelas disposições ao meio-fio (ou calçadas), ou seja, se dispostas paralelas, oblíquas ou perpendiculares ao trajeto de circulação, e ainda estabelecem as medidas das vagas, entabuladas pelas Tabs. 2.1 a 2.3.

Cabe destacar que, embora as referidas medidas sejam a princípio legalmente exigíveis apenas em vias públicas, certamente decorreram de estudos técnicos visando a segurança do cidadão, merecendo, portanto, o devido apontamento mediante a apresentação das ilustrações contidas na referida resolução.

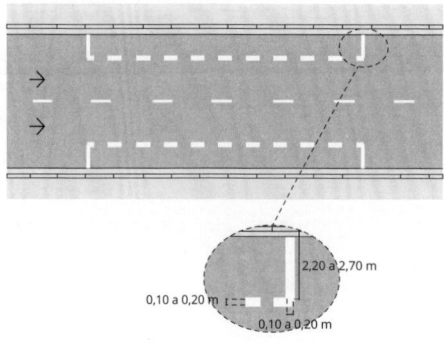

Fig. 2.1 *Estacionamento simples paralelo*
Fonte: Contran (2007).

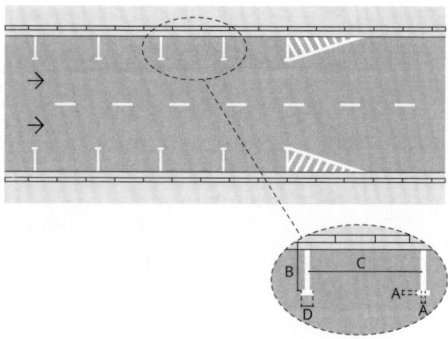

Fig. 2.2 *Estacionamento simples paralelo com delimitação de vaga*
Fonte: Contran (2007).

Tab. 2.1 Dimensões das vagas para estacionamento simples paralelo

	Dimensões (m)
Largura da linha lateral A	Mínima 0,10
	Máxima 0,20
Largura efetiva da vaga B	Mínima 2,20
	Máxima 2,70
Comprimento da vaga C	Variável*
Delimitador da vaga D (opcional)	Mínima 0,40
	Máxima (critério do projetista)

*Conforme as dimensões dos veículos que farão uso da vaga.
Observação: as dimensões mínima e máxima da vaga podem variar em casos em que estudos de engenharia indiquem a necessidade, por questões de segurança.
Fonte: Contran (2007).

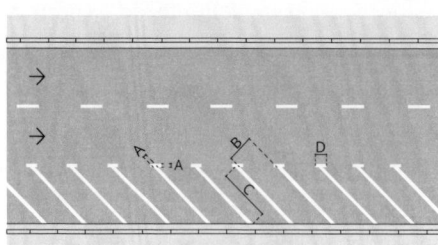

Fig. 2.3 *Estacionamento simples em ângulo oblíquo*
Fonte: Contran (2007).

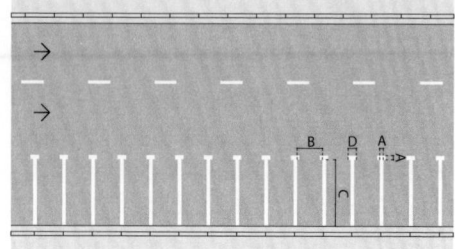

Fig. 2.4 *Estacionamento simples em ângulo reto (90°)*
Fonte: Contran (2007).

Conforme apresentado, percebe-se que a Resolução n° 236 do Contran, exceto para as dimensões das motocicletas, somente determina as larguras das vagas dos veículos (descritas entre 2,20 m e 2,70 m) por meio das medidas das sinalizações de piso, resultando, portanto, que as demais medidas, em especial o comprimento do veículo, serão fornecidas pelos projetistas responsáveis. Contrariando essa mesma informação, de que ao menos as larguras sejam determinadas pelo Contran, o próprio quadro de dimensões da resolução em pauta flexibiliza a exigência de atender o intervalo dado para a largura da vaga, ao descrever que "As dimensões mínima e máxima da vaga podem variar em casos em que estudos de engenharia indiquem a necessidade, por questões de segurança", situação que remete à conclusão de que a resolução ora criticada, por carência de dados técnicos, poderá apenas orientar os formatos possíveis de serem projetados nas demarcações de piso para estacionamentos em edificações habitacionais ou comerciais, eventualmente servindo para balizar as medidas de largura das vagas de estacionamento.

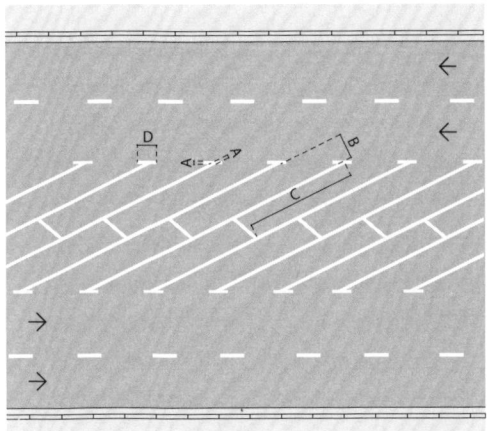

FIG. 2.5 *Estacionamento duplo em ângulo oblíquo*
Fonte: Contran (2007).

Tab. 2.2 Dimensões das vagas para estacionamento em ângulo

	Dimensões (m)
Largura da linha lateral A	Mínima 0,10
	Máxima 0,20
Largura efetiva da vaga B	Mínima 2,20
	Máxima 2,70
Comprimento da vaga C	Variável*
Delimitador da vaga D (opcional)	Mínima 0,40
	Máxima 0,60

*Conforme as dimensões dos veículos que farão uso da vaga.
Observação: as dimensões mínima e máxima da vaga podem variar em casos em que estudos de engenharia indiquem a necessidade, por questões de segurança.
Fonte: Contran (2007).

2.1.3 Departamento Nacional de Infraestrutura de Transportes (DNIT)

Da mesma forma que o Denatran, através das publicações técnicas do Contran, o DNIT contribui para o regramento técnico dos transportes em todo o território nacional, cabendo destacar a publicação *Manual de estudos de tráfego* (IPR-723 – DNIT, 2006), tendo por objetivo, de acordo com o próprio texto introdutório, "obter, através de métodos sistemáticos de coleta, dados relativos aos cinco elementos fundamentais do tráfego (motorista, pedestre, veículo, via e meio ambiente) e seu interrelacionamento".

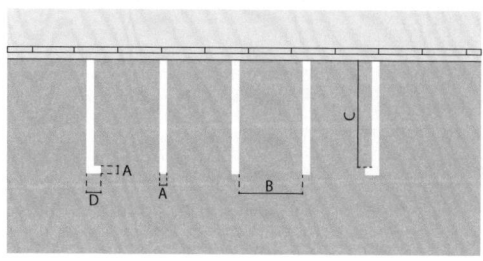

FIG. 2.6 *Estacionamento para motocicletas*
Fonte: Contran (2007).

Tab. 2.3 Dimensões das vagas para estacionamento de motocicletas

	Dimensões (m)
Largura da linha lateral A	Mínima 0,10
	Máxima 0,20
Largura efetiva da vaga B	1,00
Comprimento da vaga C	2,20
Delimitador da vaga D (opcional)	Mínima 0,20
	Máxima (critério do projetista)

Fonte: Contran (2007).

Na mencionada publicação, cabe destacar as medidas do veículo de projeto, informe técnico necessariamente a ser considerado nas diretrizes de projeto para espaços de estacionamento em edificações habitacionais ou comerciais.

Os veículos de projeto, de acordo com a publicação, advêm do *Manual de projeto de interseções*, também do DNIT (2005), classificando as cinco categorias mais usuais de veículos conforme as exigências do tráfego e apresentadas na Tab. 2.4, segundo:

* VP: representando veículos leves, minivans, vans, utilitários, picapes e similares;
* CO: representando veículos comerciais não articulados, tais como os caminhões e ônibus (usualmente com dois eixos e quatro a seis rodas);
* O: representando os veículos comerciais maiores, tais como os ônibus e caminhões longos, usualmente com três eixos;

* SR: representando os veículos comerciais articulados, compostos de cavalo mecânico e semirreboque;
* RE: representando os veículos comerciais com reboque, compostos de cavalo mecânico, semirreboque e reboque (chamados de bitrem).

Tab. 2.4   Dimensões dos veículos de projeto

Designação do veículo-tipo / Características	Veículos leves (VP)	Caminhões e ônibus convencionais (CO)	Caminhões e ônibus longos (O)	Semirreboques (SR)	Reboques (RE)
Largura total	2,1	2,6	2,6	2,6	2,6
Comprimento total	5,8	9,1	12,2	16,8	19,8
Raio mínimo da roda externa dianteira	7,3	12,8	12,8	13,7	13,7
Raio mínimo da roda interna traseira	4,7	8,7	7,1	6,0	6,9

Fonte: DNIT (2006).

Tendo em vista que os estudos deste livro visam encontrar medidas de projeto para estacionamentos em edificações, o veículo a ser destacado, entre os veículos de projeto, será o tipo VP, cujas medidas, salvaguardadas as mudanças conceituais envolvendo as dimensões veiculares da indústria automobilística desde a publicação *Manual de estudos de tráfego*, devem servir de balizamento para o tamanho da vaga e seu acesso, procurando-se assim seguir medidas aproximadas ou preferencialmente mínimas de: largura de 2,1 m, comprimento de 5,8 m e raio mínimo de giro de 7,3 m.

2.1.4   Companhia de Engenharia de Tráfego (CET) – Manual de sinalização urbana

Da mesma forma que a Resolução nº 236 do Contran, a terceira revisão do volume 5 do *Manual de sinalização urbana* da Companhia de Engenharia de Tráfego do Município de São Paulo (CET, 2019a) apresenta formatos geométricos e procedimentos para sinalização horizontal, demarcada sobre os pavimentos, com o objetivo de regrar e nortear o trânsito dos veículos e pedestres (capítulo 5, denominado "Marcas de delimitação e controle de estacionamento e/ou parada"), merecendo destaque tal qual o trabalho desenvolvido pelo Contran.

Diferindo, ou melhor, em acréscimo ao trabalho apresentado pelo Contran, o *Manual de sinalização urbana* da CET oferece medidas de largura e comprimento das vagas de estacionamento, assim como larguras das vias (ou faixas) de acesso para diversos tamanhos de veículos e diversos ângulos de parada, em relação às vias públicas, tanto em sentido único, ilustradas pelas Figs. 2.7 e 2.8, quanto em sentido duplo de circulação, desta feita ilustradas pela Fig. 2.9.

Compete salientar que o CTB estabelece que as marcas nos pavimentos são regulamentos cuja inobediência gera infrações de trânsito àqueles que trafegarem nas vias públicas, tornando as demarcações das vagas e das faixas de circulação regras legais, com lastro técnico suficiente para servirem às vias internas das edificações habitacionais ou comerciais e, portanto, integrarem as diretrizes de projeto para os espaços de estacionamento.

Ainda sob incumbência da CET, compete destacar a necessidade de os projetos de estacionamento incluírem condições satisfatórias para entrada e saída dos veículos visando não impactar o trânsito local em edificações projetadas com 500 ou mais vagas de estacionamento, classificados como Polos Geradores de Tráfego (PGT) (conforme a Lei Municipal nº 15.150, de 6 de maio de 2010), excluindo da somatória as vagas destinadas a carga e descarga, atendimento médico de emergência, segurança, motocicletas e bicicletas.

De acordo com a referida lei, para a implantação de estacionamentos no município de São Paulo qualificados como PGT, é necessária a emissão de Certidão de Diretrizes pela Secretaria Municipal de Transportes, documento legal que fixará parâmetros técnicos que deverão ser obedecidos e eventuais medidas mitigadoras ou compensatórias de eventual impacto no tráfego.

Entre as características técnicas de projeto de um PGT a serem analisadas pela CET, além das medidas e disposições das vagas e da circulação e manobra dos veículos, são verificadas principalmente as dimensões das entradas/saídas dos veículos e as áreas de acumulação e acomodação dos veículos, e, quando aplicável, analisadas as condições de embarque e desembarque de visitantes.

Em relação às medidas mitigadoras, há a possibilidade de o empreendimento privado arcar com alterações viárias necessárias objetivando minimizar o impacto negativo no trânsito local. Já em relação às medidas compensatórias, devem os empreendimentos classificados como PGT recolher valor ao Fundo Municipal de Desenvolvimento de Trânsito.

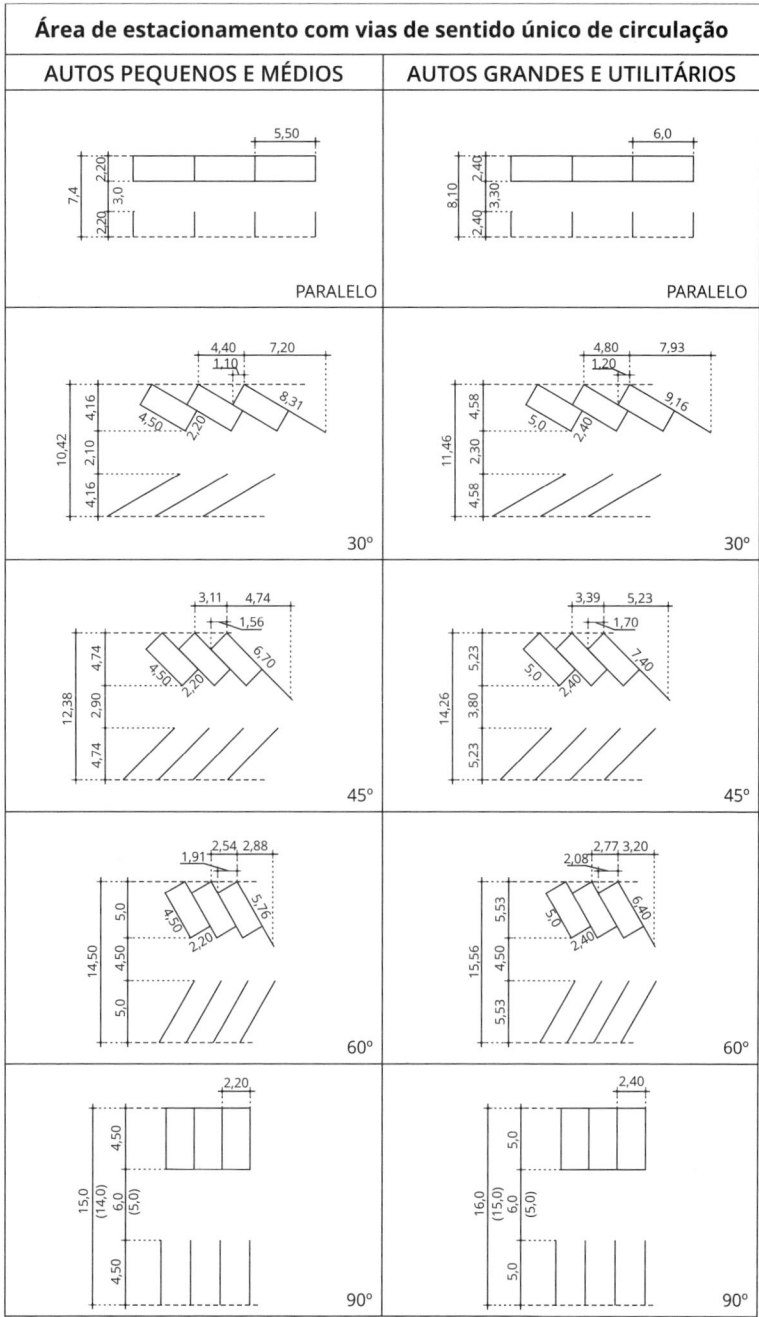

FIG. 2.7 *Estacionamento de autos (sentido único de circulação)*
Fonte: CET (2019a).

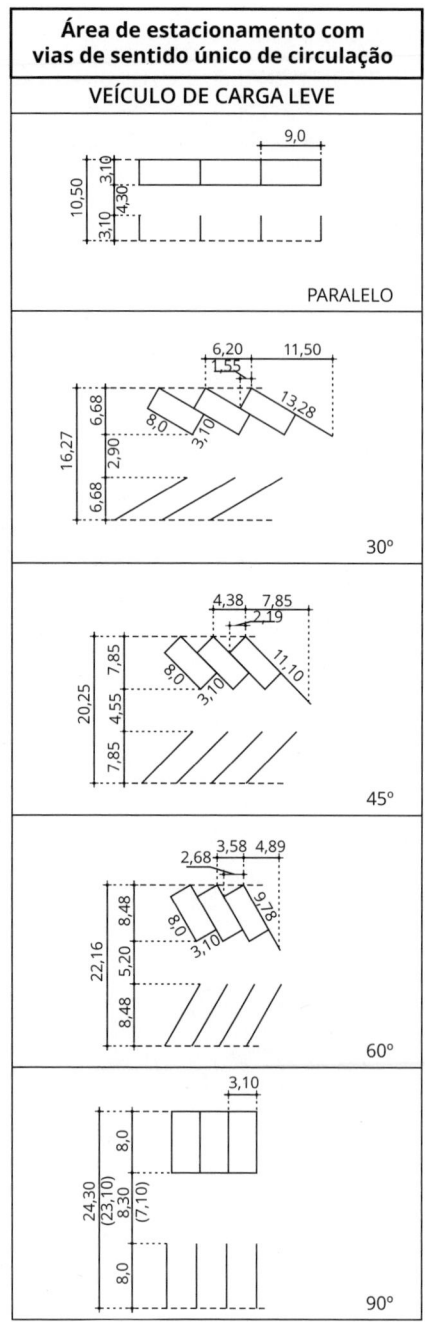

FIG. 2.8 *Estacionamento de veículos de carga leve (sentido único de direção)*
Fonte: CET (2019a).

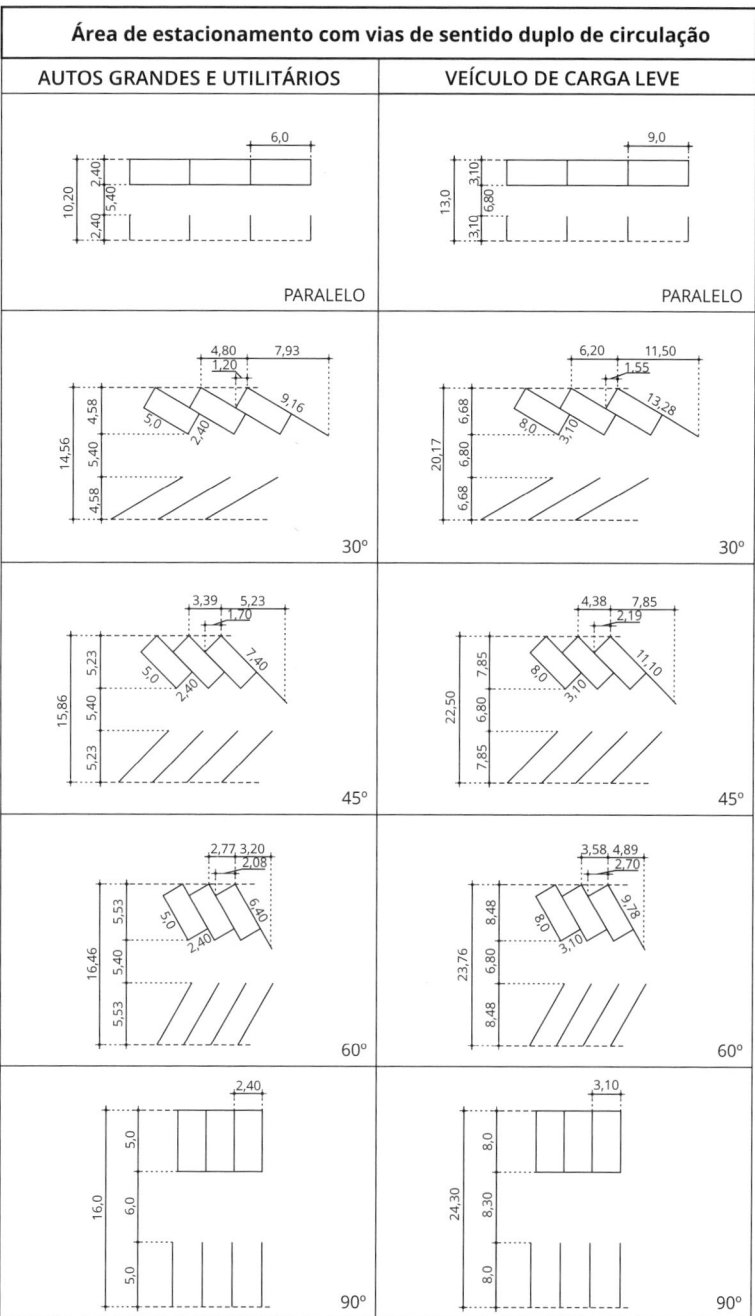

FIG. 2.9 *Estacionamento de autos grandes e utilitários e veículos de carga leve (sentido duplo de direção)*
Fonte: CET (2019a).

2.1.5 Companhia de Engenharia de Tráfego (CET) – Boletim Técnico nº 33

Embora o boletim técnico em referência (Boletim Técnico nº 33, denominado "Áreas de estacionamento e gabaritos de curva horizontais") seja o trabalho oficial mais antigo passível de integrar as diretrizes, emitido entre 1983 e 1985 pela CET (o documento não apresenta data de emissão), pôde-se constatar tratar-se do estudo mais completo até então produzido pela companhia envolvendo circulações e vagas para estacionamento dos veículos nacionais, o que tanto é verdade que as tabelas anteriores, contempladas no *Manual de sinalização urbana* da CET (2019a) e que especificam os parâmetros geométricos das áreas de estacionamento, são as mesmas apresentadas no Boletim Técnico nº 33, ora em apresentação.

Para a presente publicação, chamou a atenção a forma clara e didática com a qual o boletim da CET desenvolveu e apresentou classificações de veículos-tipo, bem como gabarito de curvas horizontais para a tipologia de veículos circulantes na época, quando até então, de acordo com o próprio boletim, o extinto Departamento Nacional de Estradas de Rodagem (DNER, atualmente DNIT) empregava os veículos-tipo e os gabaritos desenvolvidos pela American Association of State Highway and Transportation Officials (AASHTO), associação dos Estados Unidos encarregada de promover estudos e desenvolvimento de todos os modos de transporte (rodoviário, aéreo, marítimo e ferroviário).

Compete esclarecer que, na época em que a CET criou o Boletim Técnico nº 33, ou seja, anteriormente ao fenômeno da globalização responsável pelas montadoras distribuírem os mesmos veículos por todo o mundo, os padrões de tamanho dos automóveis que aqui rodavam diferenciavam-se daqueles que circulavam nos Estados Unidos, encorajando os técnicos do município com a maior frota de veículos do País, em meados da década de 1980, a criarem estudo próprio.

Frisa-se que o pioneirismo dos estudos gerados no Boletim Técnico nº 33 permitiu, ao menos a este autor, decifrar a construção do raio (ou diâmetro de giro) e compreender a importância dessa característica física para a elaboração das diretrizes de projeto para espaços de estacionamento em edificações, cabendo explicar que o raio de giro mínimo ou a capacidade do veículo de realizar manobra (atualmente chamada de diâmetro mínimo de curva ou ainda diâmetro mínimo de círculo de giro) podem ser resumidos como o espaço mínimo requerido para o automóvel girar 360° ou simplesmente mudar de sentido, conforme ilustra a Fig. 2.10.

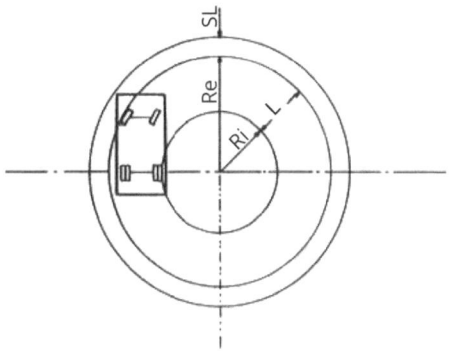

FIG. 2.10 *Diâmetro mínimo de círculo de giro*
Fonte: CET (entre 1983 e 1985).

A Fig. 2.11, extraída dos estudos do boletim da CET, ilustra os elementos geométricos dos veículos que interferem na determinação dos raios ou diâmetros de giro, possibilitando adiante, através da Fig. 2.12, incorporar componentes e/ou definições importantes dos veículos, em especial o para-choque dianteiro e os pneus, bem como reduzir os elementos geométricos para efeito de simplificação do cálculo dos raios mínimos de giro.

em que:

C = Comprimento

Bt = Balanço traseiro

Ee = Entre-eixos

Bd = Balanço dianteiro

L = Largura do veículo

Bit = Bitola traseira

Re = Raio externo

Ri = Raio interno

l = Largura da trajetória

SL = Sobrelargura

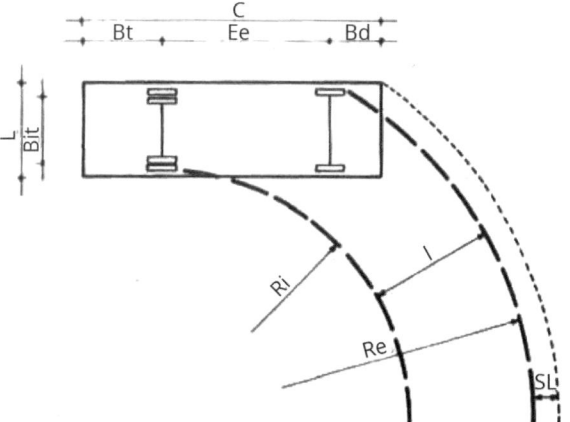

FIG. 2.11 *Elementos geométricos da circulação em curva*
Fonte: CET (entre 1983 e 1985).

Os estudos tiveram como ponto de partida classificar os veículos nacionais, a partir da escolha de alguns modelos para a realização de testes de raio de giro mínimo, adaptando-se marcadores de trajetória instalados na ponta do para-choque externo ao giro (determinando o raio do para-choque = Rp), no pneu externo dianteiro (determinando o raio externo = Re) e no pneu interno traseiro (determinando o raio interno = Ri).

Os testes, assim como as manobras, são realizados em velocidade baixa e constante, portanto não são considerados os coeficientes de atrito e força centrífuga.

Ao final dos testes, e com as demarcações das trajetórias na pavimentação, são apuradas as medidas de Ri, Re e Rp, possibilitando, assim, a determinação da sobrelargura (SL) através das fórmulas suscitadas pela geometria em planta dos dados analisados.

em que:
Rp = Raio de giro do para-choque
Re = Raio de giro do pneu dianteiro externo
Ri = Raio de giro do pneu traseiro interno
Bd = Balanço dianteiro
Ee = Entre-eixo
Bit = Bitola traseira
L = Largura do veículo

- $Re = \sqrt{(Ri + \frac{Bit + L}{2})^2 + Ee^2}$
- $Rp = \sqrt{(Ri + L)^2 + (Ee + Bd)^2}$
- Sobrelargura = Rp - Re

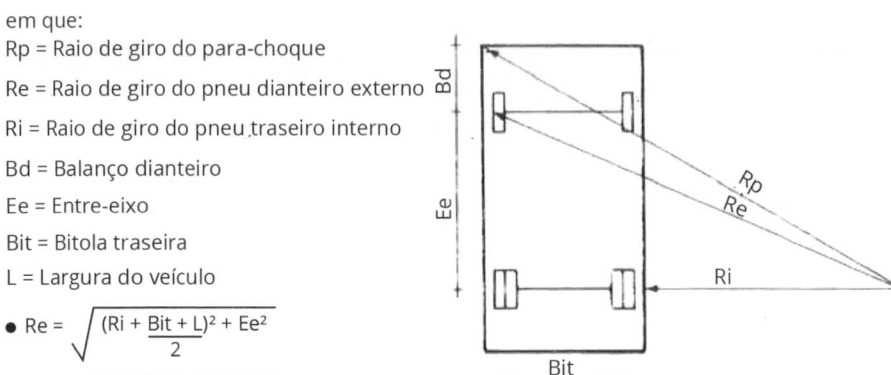

FIG. 2.12 *Elementos geométricos para cálculo do raio mínimo de giro*
Fonte: CET (entre 1983 e 1985).

Diante dos estudos promovidos foi possível obter os raios (ou diâmetros) mínimos de giro, inclusive de parede a parede ao adicionar a sobrelargura (SL), e, assim, elaborar os gabaritos de desenvolvimento de curvas, dados essenciais para determinar as faixas de manobra.

Objetivando obter as medidas durante o desenvolvimento das curvas enfrentadas no dia a dia, foram realizados testes e obtidas trajetórias de giro a 30°, 60°, 90°, 120°, 150° e 180°, permitindo traçar o gabarito da Fig. 2.13.

2.1.6 Códigos de Obras, Leis de Uso e Ocupação do Solo e Planos Diretores

Tendo em vista o objetivo maior deste livro de unificação das diretrizes de estacionamento entre os municípios nacionais, pelas razões já expostas de que os condicionantes para a determinação dos espaços dependem das características técnicas dos veículos comercializados, e não dos usuários ou mesmo dos locais de implantação dos estacionamentos, foram pesquisadas leis e posturas municipais de todas as capitais dos 26 Estados brasileiros, do Distrito Federal e de outros três importantes municípios. Tais pesquisas procuraram apurar as medidas mínimas exigidas das larguras, dos comprimentos e das alturas das vagas (transcritas na Tab. 2.5), das alturas, das larguras e dos raios das faixas de circulação (transcritas na Tab. 2.6), das larguras das faixas de circulação de acesso às vagas e das medidas mínimas para estacionamento em vagas acessadas lateralmente em movimento de balizamento (transcritas na Tab. 2.7), bem como das inclinações máximas das rampas e das áreas mínimas de acumulação (transcritas na Tab. 2.8).

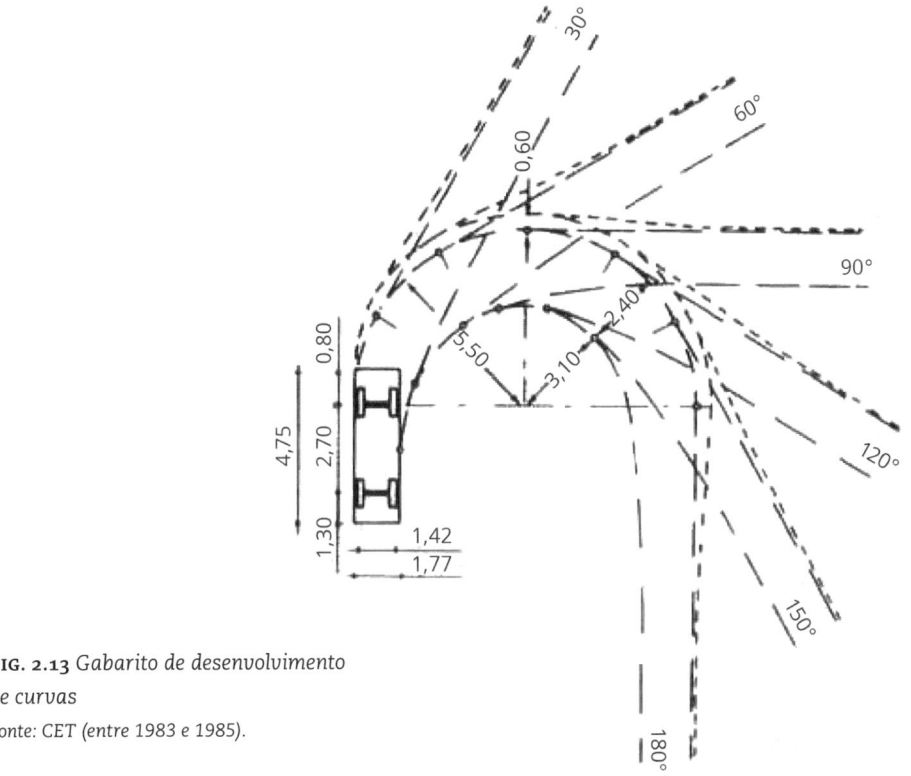

FIG. 2.13 *Gabarito de desenvolvimento de curvas*
Fonte: CET (entre 1983 e 1985).

Dimensões das vagas

Tab. 2.5 Dimensões mínimas de largura, comprimento e altura das vagas de estacionamento

	Tabela medidas das vagas	Largura da vaga (L VG) (90°)					Comprimento da vaga (C VG) (90°)					Altura da vaga (h VG)				
	Cidade	Menor	Média	Maior	Caminhão	Deficiente	Menor	Média	Maior	Caminhão	Deficiente	Menor	Média	Maior	Caminhão	Deficiente
1	São Paulo/SP (COE 92)	2,00	2,10	2,50	3,10	3,50	4,20	4,70	5,50	8,00	5,50	2,10	2,10	2,30	3,50	2,30
2	São Paulo/SP (COE 17)		2,20	2,50	3,10	3,70		4,50	5,50	8,00	5,50					
3	Porto Alegre/RS (CE 92)		2,30					4,60								
4	Rio Grande/RS		2,40		3,50		4,50		5,00	10,00						
5	Belo Horizonte/MG (CE 09)		2,30					4,50								
6	Barueri/SP (CE 91)	2,20		2,50	3,00		4,50		5,00	8,00		2,00		2,00	3,20	

Tab. 2.5 (continuação)

	Tabela medidas das vagas	Largura da vaga (L VG) (90°)					Comprimento da vaga (C VG) (90°)					Altura da vaga (h VG)				
	Cidade	Menor	Média	Maior	Caminhão	Deficiente	Menor	Média	Maior	Caminhão	Deficiente	Menor	Média	Maior	Caminhão	Deficiente
7	Fortaleza/CE (CO 81)	2,20		3,00			4,50		8,00			2,00		3,20		
8	Rio de Janeiro/RJ (proj. COE 13)	2,50					5,00									
9	Campo Grande/MS (CO 79)															
10	Curitiba/PR (dec. 1021 13 e port. 80 13)	2,20		2,40	3,50	4,50		5,00		5,00	2,00		2,00			
11	Recife/PE (CO 61 e LUOS 96)	2,00					5,00									
12	Rio Branco/AC (COE 18)	2,50					5,00									
13	Maceió/AL (CUE 07)	2,30	2,30	2,50	3,10	3,50	4,50	5,10	5,50	8,00	5,50					
14	Macapá/AP (COI 04)	2,50		3,00			5,00		7,50			2,40		3,50		
15	Manaus/AM (COE 02)	2,50		3,00			5,00		7,50			2,40		3,50		
16	Manaus/AM (COE 14)	2,50		3,00	3,70		5,00		7,50	5,00		2,40		3,50		
17	Salvador/BA (LUOS 12)	2,30		2,50			4,50		5,50			2,30				
18	Brasília/DF (CE do DF 98)	2,40					5,00									
19	Vitória/ES (CE 98)	2,30		3,20			4,50		12,00			2,10		3,50		
20	Goiânia/GO (COE 08)	2,30	2,40	2,50			4,60	4,80	5,50			2,10	2,10	2,30		
21	São Luís/MA (LUOS 92)	2,50					5,00									
22	Cuiabá/MT (COE 03)	2,40					4,50									
23	Belém/PA (Ledif 88 e LUOS 99)	2,40		3,00			4,50		8,00							
24	João Pessoa/PB (CU 01ePortST 02)	2,30					4,00	5,10								
25	Teresina/PI (COE 15)	2,45					5,00									
26	Natal/RN (COE 04)	2,50		2,60	3,20		5,00		5,50	8,00						

Tab. 2.5   (continuação)

	Tabela medidas das vagas	Largura da vaga (L VG) (90°)					Comprimento da vaga (C VG) (90°)					Altura da vaga (h VG)				
	Cidade	Menor	Média	Maior	Caminhão	Deficiente	Menor	Média	Maior	Caminhão	Deficiente	Menor	Média	Maior	Caminhão	Deficiente
27	Porto Velho/ RO (LUOS 99)	2,50	3,00				5,20	8,00								
28	Boa Vista/RR (LUOS 06/ CEI 74)	3,00					5,00									
29	Florianópolis/ SC (COE 2000)	2,40		3,50			5,00		5,50			2,20				
30	Aracaju/SE (COE 10)	2,30	2,40		3,50	4,00	4,50	4,80		9,00	4,80					
31	Palmas/TO (CO 14)	2,40	2,50				4,50	5,00								

Altura, largura e raio das faixas de circulação

Tab. 2.6   Dimensões mínimas de altura, largura e raio de circulação

	Altura de circulação (h CIRC)		Largura de circulação (L CIRC) (simples)		Largura de circulação (L CIRC) (duplo)		Raio de circulação (R CIRC min)	
Cidade	Auto	Caminhão	Auto	Caminhão	Auto	Caminhão	Auto	Caminhão
São Paulo/ SP (COE 92)	2,30	3,50	2,75	3,50	5,50		3,00	6,00
São Paulo/ SP (COE 17)	2,30	3,50	2,75	3,50	5,50		3,00	6,00
Porto Alegre/RS (CE 92)	2,10							
Rio Grande/ RS (CE 72/ Pldir 12)	2,20		2,75		5,50			
Belo Horizonte/ MG (CE 09)	2,20		2,50					
Barueri/SP (CE 91)	2,50		3,00	5,00	5,00	7,00	5,00	

Tab. 2.6   (continuação)

Cidade	Altura de circulação (h CIRC)		Largura de circulação (L CIRC) (simples)		Largura de circulação (L CIRC) (duplo)		Raio de circulação (R CIRC min)	
	Auto	Caminhão	Auto	Caminhão	Auto	Caminhão	Auto	Caminhão
Fortaleza/CE (CO 81)			3,00				12,00	
Rio de Janeiro/RJ (proj. COE 13)	2,20							
Campo Grande/MS (CO 79)	2,10							
Curitiba/PR (dec. 1021 13 e port. 80 13)			3,00		5,00			
Recife/PE (CO 61 e LUOS 96)	2,25		2,50		5,40			
Rio Branco/AC (COE 18)	2,20						5,00	7,00
Maceió/AL (CUE 07)							6,00	15,00
Macapá/AP (COI 04)								
Manaus/AM (COE 02)								
Manaus/AM (COE 14)			5,50		5,50			
Salvador/BA (LUOS 12)	2,30		3,50		5,00		6,00	
Brasília/DF (CE do DF 98)	2,25		3,00		5,00			
Vitória/ES (CE 98)	2,10	3,50	2,75	3,50	5,50	7,00	6,00	15,00
Goiânia/GO (COE 08)	2,40		3,00		5,50			

Tab. 2.6 (continuação)

Cidade	Altura de circulação (h CIRC)		Largura de circulação (L CIRC) (simples)		Largura de circulação (L CIRC) (duplo)		Raio de circulação (R CIRC min)	
	Auto	Caminhão	Auto	Caminhão	Auto	Caminhão	Auto	Caminhão
São Luís/MA (LUOS 92)								
Cuiabá/MT (COE 03)	2,20							
Belém/PA (Ledif 88 e LUOS 99)	2,20		3,00					
João Pessoa/ PB (CU 01ePortST 02)	2,25		3,00					
Teresina/PI (COE 15)	2,20							
Natal/RN (COE 04)	2,20	4,00					6,00	12,00
Porto Velho/ RO (LUOS 99)			5,00					
Boa Vista/RR (LUOS 06/CEI 74)	2,20		2,60					
Florianópolis/ SC (COE 2000)	2,20	3,50	2,75	3,50			6,00	15,00
Aracaju/SE (COE 10)	2,20		3,00		5,00			
Palmas/TO (CO 14)	2,25		3,00		5,00		3,00	
Santo André/ SP (CO 2000)	2,20		2,75		5,50			

Larguras das faixas de circulação de acesso às vagas

Tab. 2.7 Dimensões mínimas das larguras de acesso às vagas

#	Tabela faixas de circulação Cidade	Acesso 90° Menor	Acesso 90° Média	Acesso 90° Maior	Acesso 90° Caminhão	Acesso 90° Deficiente	Acesso 45° Menor	Acesso 45° Média	Acesso 45° Maior	Acesso 45° Caminhão	Acesso 45° Deficiente	Baliza (acréscimo de largura, L) Menor	Baliza (acréscimo de largura, L) Média	Baliza (acréscimo de largura, L) Maior	Baliza (acréscimo de largura, L) Caminhão	Baliza (acréscimo de comprimento, C) Menor	Baliza (acréscimo de comprimento, C) Média	Baliza (acréscimo de comprimento, C) Maior	Baliza (acréscimo de comprimento, C) Caminhão
1	São Paulo/SP (COE 92)	4,50	5,00	5,50	7,00	5,50	2,75	2,75	3,80	4,50	3,80	0,25	0,25	0,25	1,00	1,00	1,00	1,00	2,00
2	São Paulo/SP (COE 17)		5,00	5,50	7,00	5,50		2,75	3,80	4,50	3,80								
3	Porto Alegre/RS (CE 92)		5,00					3,50											
4	Rio Grande/RS		5,00					3,50					0,25						
5	Belo Horizonte/MG (CE 09)																		
6	Barueri/SP (CE 91)		5,00		9,00			3,00				0,30		0,30		1,00		1,00	4,00
7	Fortaleza/CE (CO 81)									5,00									
8	Rio de Janeiro/RJ (proj. COE 13)		5,00					4,00					1,00						
9	Campo Grande/MS (CO 79)																		
10	Curitiba/PR (dec. 1021 13 e port. 80 13)		5,00					3,50				0,80		0,60					
11	Recife/PE (CO 61 e LUOS 96)		4,50					3,50									0,50		
12	Rio Branco/AC (COE 18)		5,00					3,50											
13	Maceió/AL (CUE 07)	4,50	5,00	5,50	7,00	5,50	2,75	2,75	3,80	4,50	3,80	0,25	0,25	0,25	1,00	1,00	1,00	1,00	2,00
14	Macapá/AP (COI 04)																		
15	Manaus/AM (COE 02)																		

Tab. 2.7 (continuação)

#	Cidade	Acesso 90°					Acesso 45°					Baliza (acréscimo de largura, L)				Baliza (acréscimo de comprimento, C)			
		Menor	Média	Maior	Caminhão	Deficiente	Menor	Média	Maior	Caminhão	Deficiente	Menor	Média	Maior	Caminhão	Menor	Média	Maior	Caminhão
16	Manaus/AM (COE 14)		5,00					5,00											
17	Salvador/BA (LUOS 12)		4,50																
18	Brasília/DF (CE do DF 98)		4,50					3,80											
19	Vitória/ES (CE 98)		4,60		14,50			2,90		8,20			0,25				1,00		1,00
20	Goiânia/GO (COE 08)	4,60	4,80	5,00				3,50	4,00		4,00		0,50				0,50		
21	São Luís/MA (LUOS 92)						3,00												
22	Cuiabá/MT (COE 03)																		
23	Belém/PA (Ledif 88 e LUOS 99)		4,50					4,50											
24	João Pessoa/PB (CU 01ePortST 02)		6,00					3,50					0,20				0,40		
25	Teresina/PI (COE 15)		5,30					4,00					-0,25						
26	Natal/RN (COE 04)	5,00		5,50	8,00		4,00		4,50	8,00							1,00		
27	Porto Velho/RO (LUOS 99)											-0,30	-0,20	-0,20	-0,20	0,50		1,00	1,00
28	Boa Vista/RR (LUOS 06/CEI 74)																		
29	Florianópolis/SC (COE 2000)		5,50					5,50											
30	Aracaju/SE (COE 10)		5,00					4,00					-0,20				0,70		
31	Palmas/TO (CO14)		5,00					3,50					-0,15				0,50		

Inclinação de rampas e áreas de acumulação

Tab. 2.8 Inclinações máximas das rampas e áreas mínimas de acumulação

	Cidade	Rampa Máxima (%)	Área acumulada Mínima (%)
1	São Paulo/SP (COE 92)	20	3,0
2	São Paulo/SP (COE 17)	25	3,0
3	Porto Alegre/RS (CE 92)	20	5,0
4	Rio Grande/RS (CE 72/Pldir 12)	20	3,0
5	Belo Horizonte/MG (CE 09)	20	-
6	Barueri/SP (CE 91)	20	-
7	Fortaleza/CE (CO 81)	20	5,0
8	Rio de Janeiro/RJ (proj. COE 13)	20	5,0
9	Campo Grande/MS (CO 79)	20	-
10	Curitiba/PR (dec. 1021 13 e port. 80 13)	25	(por tabela)
11	Recife/PE (CO 61 e LUOS 96)	20	(25 m²)
12	Rio Branco/AC (COE 18)	25	5,0
13	Maceió/AL (CUE 07)	25	3,0
14	Macapá/AP (COI 04)	20	-
15	Manaus/AM (COE 02)	20	3,0
16	Manaus/AM (COE 14)	20	3,0
17	Salvador/BA (LUOS 12)	20	-
18	Brasília/DF (CE do DF 98)	25	-
19	Vitória/ES (CE 98)	20	-
20	Goiânia/GO (COE 08)	20	-
21	São Luís/MA (LUOS 92)	-	-
22	Cuiabá/MT (COE 03)	20	5,0
23	Belém/PA (Ledif 88 e LUOS 99)	-	5,0
24	João Pessoa/PB (CU 01ePortST 02)	20	-
25	Teresina/PI (COE 15)	20	-
26	Natal/RN (COE 04)	20	-
27	Porto Velho/RO (LUOS 99)	20	-
28	Boa Vista/RR (LUOS 06/CEI 74)	-	-
29	Florianópolis/SC (COE 2000)	20	3,0
30	Aracaju/SE (COE 10)	25	(não aplicável)
31	Palmas/TO (CO 14)	20	3,0
32	Santo André/SP (CO 2000)	20	3,0

Exigências técnicas específicas

Visando alcançar a performance adequada para veículos automotores em estacionamentos habitacionais ou comerciais, entendida por este autor como o uso pleno, seguro e confortável do espaço projetado, demais exigências, além das medidas contidas nas tabelas anteriores, foram consideradas, em especial algumas exigências relevantes presentes nas legislações municipais das principais capitais brasileiras.

Comparativo entre medidas legais das vagas

Em razão da constatação da existência de defasagens entre as medidas das vagas e dos veículos regulamentadas pelos organismos e legislação vigente no território nacional, tem esta seção o propósito de equiparar as dimensões exigidas (Tab. 2.9), buscando criar parâmetro das medidas mínimas de vaga e de veículo capaz de atender ao menos a regulamentação de competência federal. Ao mesmo tempo, ao compará-las com as exigências dadas pelos Códigos de Obras do Município de São Paulo vigente (2017) e anterior (1992), tomados como exemplo a título de confrontação entre as legislações em diferentes níveis de competência, conclui-se haver igual incongruência entre as dimensões mínimas exigíveis dos veículos e das vagas, condição que corrobora com a necessidade de uniformização das medidas em todo o País.

Embora os organismos governamentais não possuam o desígnio de regrar as características mecânicas dos veículos automotores, insta destacar que o DNIT considera o raio mínimo da roda externa dianteira do veículo de projeto igual a 7,30 m (equivalente ao raio de giro mínimo), condição que demanda igual dimensão para a largura mínima da faixa de acesso em 90° às vagas, ratificando a incoerência do informe técnico do DNIT, tendo em vista que nenhuma legislação municipal, em todo o País, apresentou largura da faixa de acesso capaz de satisfazer as condições necessárias para estacionamento do veículo de projeto.

Tab. 2.9 Comparativo de medidas legais das vagas

Dimensões mínimas (m)	Contran (2007)	DNIT (2006)	CET (2019a)	COE SP (1992)	COE SP (2017)
Largura do veículo		2,10			
Comprimento do veículo		5,80			
Largura da vaga	2,20		2,20	2,00	2,20
Comprimento da vaga	variável		4,50	4,20	4,50
Largura da faixa de acesso em 90°			4,50	4,50	5,00

Instruções e normas estrangeiras

Após pesquisa em busca de estudos estrangeiros sobre projetos de estacionamentos coletivos, destacaram-se três trabalhos técnicos cujos dados permitem subsidiar as diretrizes técnicas das medidas dos estacionamentos, sendo uma dissertação do ano de 2008, *Projeto de um parque de estacionamento*, da Faculdade de Engenharia da Universidade do Porto, Lisboa, Portugal, de João Filipe Pires da Costa, um artigo técnico do ano de 2013 da revista *Gradevinar*, "Critical Design Parameters for Garages", publicada pela Associação Croata de Engenheiros Civis (HSGI), com sede em Zagreb, Croácia, de autoria do Prof. Rudolf Eger, PhD. CE., e, por fim, um estudo técnico do ano de 1998, *Parking Design Considerations*, elaborado pela United States Air Force (Usaf) e publicado pelo Whole Building Design Guide (WBDG).

3.1 Projeto de estacionamento (Portugal)

Em Costa (2008), cabe inicialmente destacar o capítulo que apresenta as disposições construtivas, entre as quais limitar a inclinação das rampas na ordem de 20%, com base em cálculos que consideram aderência da pavimentação e força de tração, respeitando-se obrigatoriamente a geometria dos veículos, especificamente as zonas críticas de colisão entre veículo e rampa, conforme ilustra a Fig. 3.1, demonstrando a importância das características físicas dos veículos, particularmente as distâncias entre eixos e a distância destes com as partes frontais e posteriores, bem como as alturas dos chassis ao solo.

FIG. 3.1 *Zonas críticas de colisão entre veículo e rampa*
Fonte: Costa (2008).

Na sequência, Costa (2008) apresenta estudo relativo aos tamanhos das vagas e às larguras das faixas de circulação (originalmente, lugares e faixas de rodagem), demonstrando que essas dimensões estão condicionadas às características dos veículos, principalmente as larguras, os comprimentos e os raios (ou diâmetros) de giro, bem como concluindo pela necessidade de aumentar as larguras das vagas à medida que se estreitam as faixas de circulação (ou das vias), favorecendo conferir maior conforto na realização das manobras de acesso às vagas perpendiculares (a 90°), conforme ilustra a Fig. 3.2.

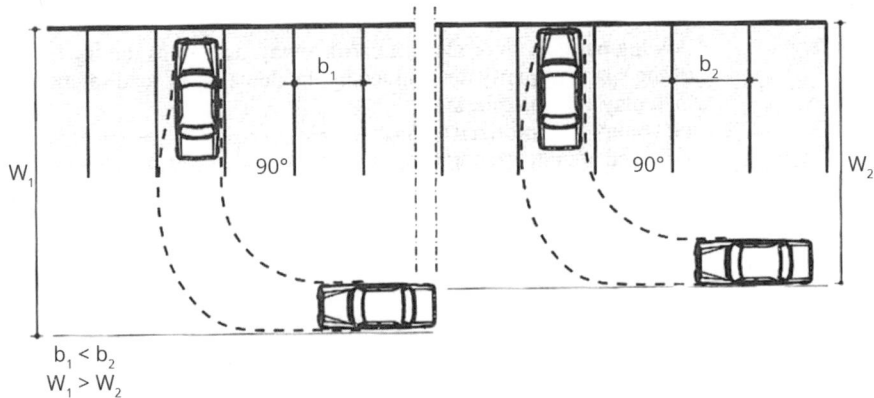

FIG. 3.2 *Largura da vaga × largura da faixa de acesso*
Fonte: Costa (2008).

Tendo em vista a necessidade de parametrizar os estudos, no caso empregar medidas de veículo-tipo (ou veículo de Project – Fig. 3.3), o trabalho em sinopse apresenta dados das *Recomendações para disposições de tráfego em áreas de construção (Recommendations for Traffic Provisions in Built-up Areas* – ASVV), que é uma publicação holandesa reconhecida internacionalmente.

Em seguida, através das Figs. 3.4 a 3.8, o autor apresenta as principais medidas das vagas e das faixas de acesso, de acordo com o manual ASVV e a publicação *Técnicas de engenharia de trânsito* (TET), do Gabinete de Estudos e Planeamento dos Transportes Terrestres (GEPT, Lisboa), para diversos tipos de conformação dos estacionamentos.

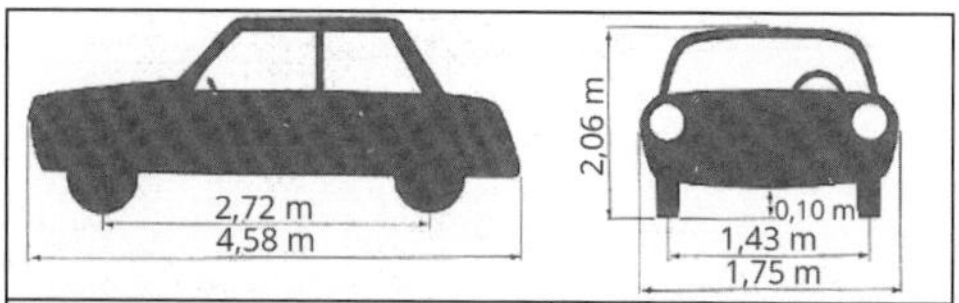

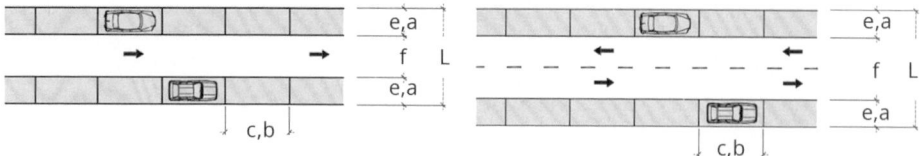

Características do veículo	Valor (m)	Percentil
Comprimento	4,58	95
Largura	1,75	95
Altura	2,06	100
Altura mínima do chassis ao solo	0,10	0
Diâmetro de viragem	11,35	95
Distância entre eixos	1,43	95
Distância entre rodas	2,72	95

FIG. 3.3 *Medidas do veículo-tipo*
Fonte: Costa (2008).

	Estacionamento 0°	Unidades	1 sentido de circulação		2 sentidos de circulação	
			ASVV	TET	ASVV	TET
a	Largura do lugar	m	1,8	2,15	1,8	2,15
b	Comprimento do lugar	m	5,5	5,6	5,5	5,6
e	Largura da faixa de estacionamento	m	1,8	2,15	1,8	2,15
c	Comprimento da faixa por lugar	m	5,5	5,6	5,5	5,6
f	Largura da faixa de acesso	m	3	3,35	5	5
L	Largura da zona-base	m	6,6	7,65	8,6	9,3

FIG. 3.4 *Estacionamento longitudinal (paralelo)*
Fonte: Costa (2008).

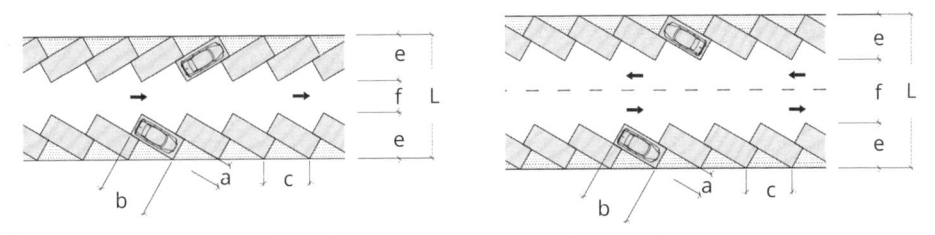

Estacionamento 30°		Unidades	1 sentido de circulação		2 sentidos de circulação	
			ASVV	TET	ASVV	TET
a	Largura do lugar	m	2,25	2,15	2,25	2,15
b	Comprimento do lugar	m	5	4,6	5	4,6
e	Largura da faixa de estacionamento	m	4	4,1	4	4,1
c	Comprimento da faixa por lugar	m	4,5	4,25	4,5	4,25
f	Largura da faixa de acesso	m	3,5	2,75	6	5
L	Largura da zona-base	m	11,5	10,95	14	13,2

FIG. 3.5 Estacionamento oblíquo a 30°
Fonte: Costa (2008).

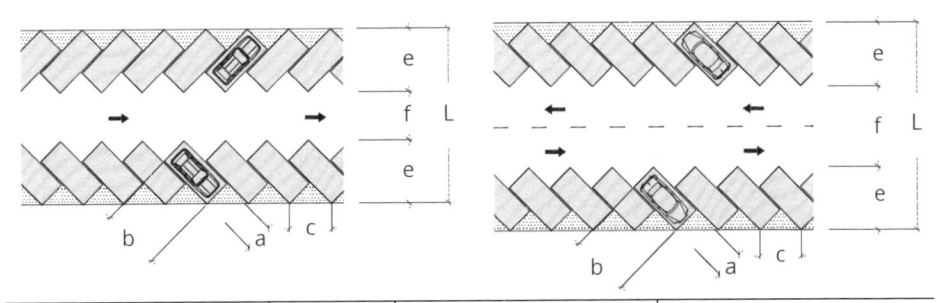

Estacionamento 45°		Unidades	1 sentido de circulação		2 sentidos de circulação	
			ASVV	TET	ASVV	TET
a	Largura do lugar	m	2,25	2,3	2,25	2,3
b	Comprimento do lugar	m	5	4,6	5	4,6
e	Largura da faixa de estacionamento	m	4,4	4,9	4,4	4,9
c	Comprimento da faixa por lugar	m	3,18	3,2	3,18	3,2
f	Largura da faixa de acesso	m	4	3,35	7	6
L	Largura da zona-base	m	12,8	13,15	15,8	15,8

FIG. 3.6 Estacionamento oblíquo a 45°
Fonte: Costa (2008).

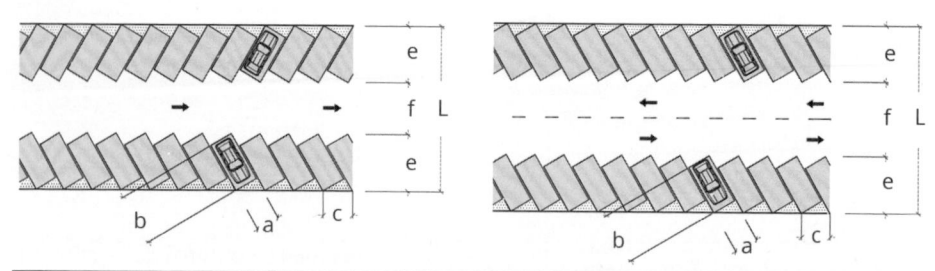

Estacionamento 60°

		Unidades	1 sentido de circulação		2 sentidos de circulação	
			ASVV	TET	ASVV	TET
a	Largura do lugar	m	2,25	2,3	2,25	2,3
b	Comprimento do lugar	m	5	4,6	5	4,6
e	Largura da faixa de estacionamento	m	4,8	5,1	4,8	5,1
c	Comprimento da faixa por lugar	m	2,6	2,65	2,6	2,65
f	Largura da faixa de acesso	m	4,5	4,25	8	7
L	Largura da zona-base	m	14,1	14,45	17,6	17,2

FIG. 3.7 *Estacionamento oblíquo a 60°*
Fonte: Costa (2008).

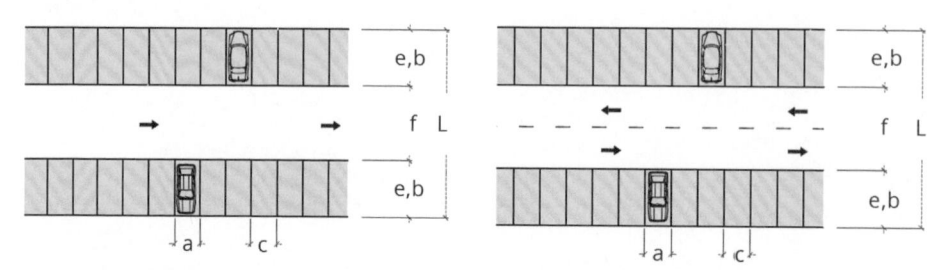

Estacionamento 90°

		Unidades	1 sentido de circulação		2 sentidos de circulação	
			ASVV	TET	ASVV	TET
a	Largura do lugar	m	2,25	2,3	2,25	2,3
b	Comprimento do lugar	m	5	4,6	5	4,6
e	Largura da faixa de estacionamento	m	5	4,6	5	4,6
c	Comprimento da faixa por lugar	m	2,25	2,3	2,25	2,3
f	Largura da faixa de acesso	m	5	6,1	6	6,1
L	Largura da zona-base	m	15	15,3	16	15,3

FIG. 3.8 *Estacionamento em ângulo reto (perpendicular)*
Fonte: Costa (2008).

3.2 Parâmetros críticos de projeto para garagens (Alemanha)

O artigo de Eger (2013) demonstra o atendimento de parâmetros técnicos para pleno usufruto dos estacionamentos, incluindo medidas das vagas, larguras das vias, espaços necessários para manobra, declividades de rampas e circulação em curva, além da minimização das interferências físicas, tais como os pilares, procurando-se diminuir os riscos de os veículos sofrerem pequenos acidentes. De acordo com o escritor, a crescente importância do tema decorre das limitações governamentais para construções de estacionamentos nos centros das principais cidades alemãs, procurando-se o incentivo do transporte público, cuja elevada demanda exigiu maior eficiência nos então restritos espaços legais permitidos para a construção dos estacionamentos.

Em sequência, o artigo aborda a necessidade de o planejamento do estacionamento atender a maior parte dos veículos em circulação, determinando para tanto que as vagas possam abrigar cerca de 85% dos tamanhos dos veículos dos usuários, condição que por certo exige estudo estatístico da região a ser atendida. Demonstrando a importância em realizar estudos para alcançar as medidas da população veicular local, com vistas a um projeto ideal de estacionamento (na região de estudo e na contemporaneidade da idealização), o artigo, por meio da Tab. 3.1, apresenta dados que demonstram o aumento das dimensões dos veículos (desde 1975 até 2011), ao menos na Alemanha e nos demais países da Europa Central, observando que tal resultado contraria as amplas divulgações publicitárias dos carros compactos no período.

Tab. 3.1   Evolução das dimensões dos veículos

Ano	Comprimento (m)	Largura (sem espelhos) (m)	Altura (m)
1975/1991	4,70	1,75	1,50
2000/2005	4,74	1,76	1,51
2010/2011	4,77	1,84	1,67

Fonte: Eger (2013).

A Fig. 3.9 ilustra as medidas apuradas para o veículo-modelo/padrão, mediante compilação dos veículos na Alemanha no ano de 2010/11, considerando-se as quantidades de cada tamanho de todos os veículos adquiridos. O texto ressalta que, ao projetar estacionamentos entendidos como especiais, exemplificados por garagens em prédios de elevado padrão ou áreas/pavimentos destinados particularmente a uma classificação específica de veículo (pequenos, por exemplo, tipo Smart), há a necessidade da realização de estudo similar, da mesma forma representando 85% do universo veicular, todavia apresentando medidas-modelo para cada classificação por tamanho, conforme indicado na Tab. 3.2.

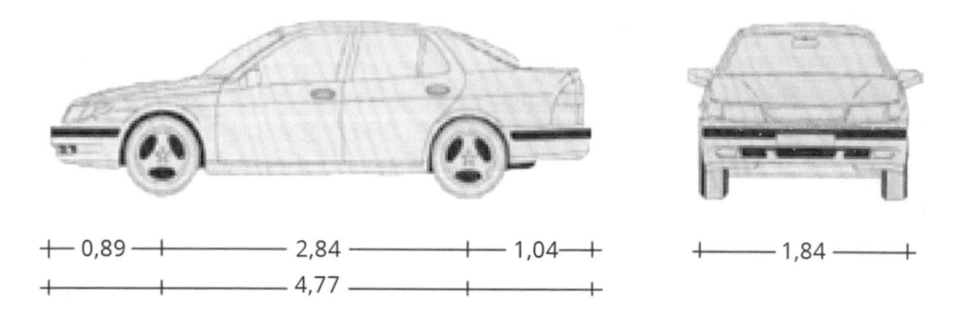

FIG. 3.9 Veículo-modelo (veículo-padrão)
Fonte: Eger (2013).

Tab. 3.2 Dimensões dos veículos por classificação de tamanho

Classificação de tamanho	Comprimento (m)	Largura (sem espelhos) (m)	Altura (m)
Inferior (e.g. Smart)	3,64	1,65	1,56
Superior (e.g. Mercedes S-class)	5,20	1,95	1,49
SUV (e.g. Porsche Cayenne)	4,77	1,91	1,75
Utilitário (e.g. VW Multivan)	5,15	1,93	2,06

Fonte: Eger (2013).

O estudo ressalta a importância do estacionamento seguro (com baixo risco da ocorrência de acidentes) e confortável (com poucas manobras) dos veículos, apresentando dados técnicos das diretrizes alemãs, os quais consideram acrescentar 0,75 m na largura das vagas para veículos estacionados lado a lado (paralelos), podendo-se aceitar o mínimo de 0,55 m quando os espelhos podem ser rebatidos, determinando ainda um espaçamento livre mínimo de 0,15 m na frente e na traseira do veículo.

Os espaços adicionais necessários para dirigibilidade segura e confortável para entrada e saída dos veículos nas vagas determinaram medidas de 5,00 m × 2,50 m para o estacionamento aceitável do veículo de *design* alemão, ano 2010/11, esperando-se que essa medida atenda o mínimo de aproximadamente 85% da frota dos veículos dos usuários dos estacionamentos, percentual entendido como satisfatório.

Na casualidade de o projeto atender garagens em prédios de elevado padrão, a medida da vaga para estacionamento deverá ser majorada para 5,20 m × 2,70 m, assegurando especialmente as aberturas das portas para 85% dos veículos de classe superior.

Merece destacar importante dado técnico desse artigo, especificamente a necessidade do acréscimo de 0,20 m nas demarcações das larguras das vagas justapostas longitudinalmente às paredes, condição raramente considerada pelas legislações municipais brasileiras e que torna extremamente dificultoso o estacionamento dos veículos nas vagas posicionadas nos cantos em garagens fechadas.

Outra importante consideração técnica narrada no texto, e que ao mesmo tempo raramente será verificada nas legislações dos municípios nacionais, diz respeito à possibilidade de os acessos às vagas serem efetivados diretamente, ou seja, com deslocamento frontal do veículo para estacionamento, evitando marcha a ré.

A Fig. 3.10 demonstra a relação geométrica intrínseca entre os ângulos de acesso às vagas, as larguras das vias de acesso e as larguras das vagas, tomadas para o veículo modelo alemão, ano 2010/11, com as características a seguir descritas:

* largura: 2,50 m;
* comprimento: 5,00 m;
* largura mínima da via de acesso à vaga a 90° = 6,00 m;
* largura mínima da via de acesso à vaga a 75° = 5,00 m;
* largura mínima da via de acesso à vaga a 45° = 3,00 m.

As alturas livres, que são as medidas tomadas entre as superfícies das pavimentações e os pontos mais baixos nos trechos de circulação e de estacionamento nas vagas, também são enfocadas no artigo, considerando-se para tanto a maior altura dos veículos registrada na Tab. 3.2, ou seja, de um veículo utilitário grande tipo SUV, ou dos veículos com trilhos (*racks*) instalados (e não a altura do veículo-modelo), resultando na limitação da altura máxima do veículo de $h = 2,10$ m.

Adicionada à altura do veículo, como margem de segurança para evitar acidentes, deve-se considerar a tolerância legal de até 0,05 m (incluindo regulamentações alemãs e estado da arte da construção civil) e as variações práticas nas alturas dos veículos (devidas à pressão dos pneus e à suspensão), impondo-se assim adicionar ao menos 0,10 m na altura livre a ser exigida do pavimento.

```
a   = w/sin α
b   = a*cos α
bw  = (b+l)*cos(90° - α)
w   = 2,50 m
l   = 5,00 m
lw: interpolação linear
lw  = 6,00 m p/ 90°
lw  = 3,00 m p/ 45°
==> lw = 5,00 m p/ 75°
```

Curva de giro do modelo de carro particular alemão 2010/2011 (comprimento: 4,77 m largura: 1,84 m, sem espelhos)

Geometria das vagas de estacionamento e das faixas de acesso (vagas posicionadas a 75°)

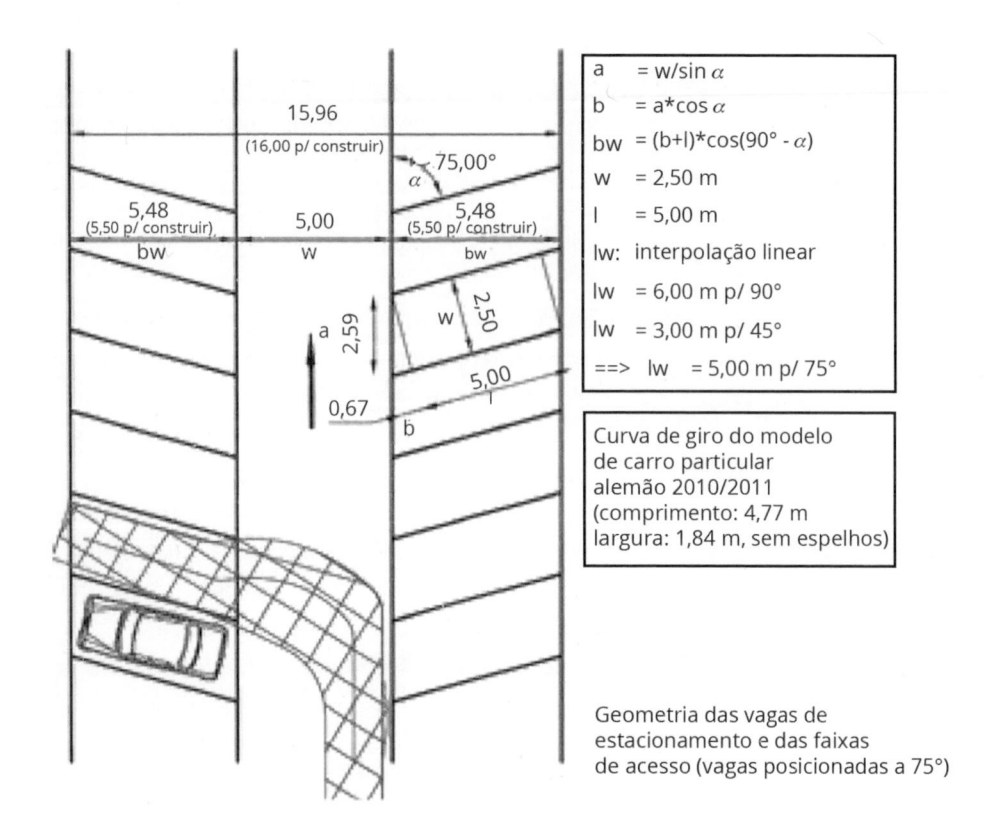

FIG. 3.10 *Formas de acesso às vagas*
Fonte: Eger (2013).

Ainda em relação à margem de segurança para a determinação da altura livre mínima visando o trânsito seguro dos veículos, deve-se considerar os desníveis causados nas entradas e nas saídas das rampas com até 15% de inclinação, situação que demanda minimamente adicionar até 0,20 m na referida altura livre, eventualmente necessitando a inclusão de desnível por declividade das pavimentações (para drenagem d'água por descongelamento de gelo e neve).

O artigo conclui que os estacionamentos com rampas devem apresentar altura livre total mínima de $h = 2,30$ m, embora as placas aos usuários informem a altura de 2,10 m (placas de alerta são exigidas na entrada dos estacionamentos, com informe da altura máxima permitida para circulação dos automóveis).

Especificamente em relação às rampas, a inclinação foi limitada em 15%, contudo admitindo-se até 20% para rampas curtas nos interiores das garagens. Procurando-se evitar impactos nas partes extremas ou nos assoalhos/chassis dos veículos ao circularem nos trechos baixos e altos das rampas, são previstas rampas curtas de transição no trecho alto (2 × 0,75 m) e no trecho baixo (2 × 1,5 m) com inclinações de até 7,5%, verificadas como suficientes para minimizar as possibilidades de danos veiculares.

As rampas são projetadas em compatibilidade com os trechos curvos (considerando-se o veículo de projeto), fixando-se as larguras mínimas das faixas de circulação dos trechos retos em 2,75 m, contendo necessariamente 0,25 m de faixa livre (folga) em ambos os lados, configuração provada como satisfatória para evitar pequenos acidentes no veículo. O artigo especifica que os trechos curvos das rampas, entre as dimensões pesquisadas, devem atender raio mínimo interno de 5,0 m, bem como o mínimo de 3,5 m de largura da pista, além das faixas livres (folgas) mínimas variáveis recomendáveis entre 0,30 m e 0,50 m de cada lado visando circulação mais confortável.

Com a Fig. 3.11, o autor propõe dimensões ideais para a circulação em curva, além de tabela relacionando as larguras das faixas de circulação (ou pistas) com os raios internos de curvatura, cabendo destacar que o acréscimo no raio diminui a largura da pista, sendo o inverso verdadeiro.

Compilando os dados técnicos desse artigo, obtêm-se:

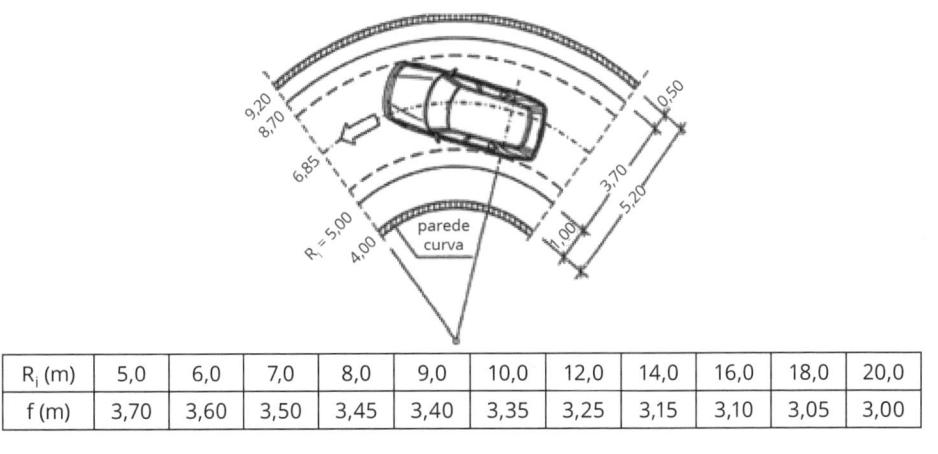

R_i (m)	5,0	6,0	7,0	8,0	9,0	10,0	12,0	14,0	16,0	18,0	20,0
f (m)	3,70	3,60	3,50	3,45	3,40	3,35	3,25	3,15	3,10	3,05	3,00

FIG. 3.11 *Faixa de circulação em curva × raio de curvatura*
Fonte: Eger (2013).

* vaga do veículo-modelo (vaga média) = 2,50 m × 5,00 m;
* vaga do veículo superior (vaga grande) = 2,70 m × 5,20 m;
* vagas longitudinal e adjacente à parede: acrescer 0,20 m na largura;
* largura da pista com estacionamento a 90° = 6,00 m;

- largura da pista com estacionamento a 75° = 5,00 m;
- largura da pista com estacionamento a 45° = 3,00 m;
- altura livre = 2,30 m;
- rampa máxima (inclinação única) = 15%;
- largura mínima da pista em rampa (trecho reto) = 2,75 m + 0,25 m × 2;
- largura mínima da pista em curva = 3,7 m;
- raio mínimo da curva (medida ao raio menor) = 5,0 m.

3.3 Considerações de projeto de estacionamento (Estados Unidos)

Nesta seção será abordado estudo técnico do ano de 1998, promovido pela United States Air Force (Usaf), com título original *Parking Design Considerations*, divulgado pelo Whole Building Design Guide (WBDG), site que fornece diretrizes, critérios e tecnologia voltados à construção, desenvolvido e alimentado por profissionais do governo e do setor privado americano, incluindo instituições de educação e organizações sem fins lucrativos, tornando-se uma ferramenta digital on-line envolvendo projetos, gerenciamento e manutenção de edifícios. A importância e a credibilidade do site podem ser atribuídas pela anunciação daqueles que concedem o suporte financeiro, entre os quais os Departamentos de Defesa e de Energia Americanos, a Nasa, o Corpo de Engenheiros do Exército e o Gabinete de Inovação e Critérios de Engenharia.

Seguindo o objetivo da obtenção de diretrizes de projeto para os espaços dos estacionamentos em edificações, foi obtido material técnico produzido pela Usaf, denominado *Landscape Design Guide*, de acordo com o WBDG empregado para consulta por arquitetos e paisagistas, sendo nele "garimpado" o capítulo específico para a presente publicação, em razão da percepção de que os formatos dos acessos às vagas representam o "caminho crítico" no desenvolvimento dos projetos confinados por paredes, respondendo pelas capacidades dos estacionamentos coletivos.

O referido estudo americano destaca que, para a concepção de um projeto de estacionamento, é preciso considerar sua funcionalidade e estética, e, para tanto, cria parâmetros que devem ser analisados, priorizando a necessidade da própria criação das vagas, os requisitos a serem seguidos e a estética do estacionamento.

A análise da necessidade da criação de vagas envolve estudos diversos aos técnicos, tais como os levantamentos dos transportes públicos e estacionamentos existentes no local de implantação e o número de vagas necessário para suprir a demanda, assim como o tipo de demanda (se estacionamento rotativo ou não, se atenderá visitantes ou funcionários etc.).

A análise dos requisitos procura integrar o local de implantação com o futuro projeto de construção do estacionamento, visando atender a topografia, bem como acompanhar a urbanização local, considerando as instalações e os dispositivos circunvizinhos existentes, tais como calçamentos, ciclovias, áreas verdes e estética local a ser mantida, além de estudar o melhor local de implantação do estacionamento, evitando impactar o trânsito local. Diversos outros estudos também são realizados, desde a determinação das distâncias mínimas dos acessos aos estacionamentos em relação aos cruzamentos e às vias de trânsito intenso, bem como dos raios mínimos para os

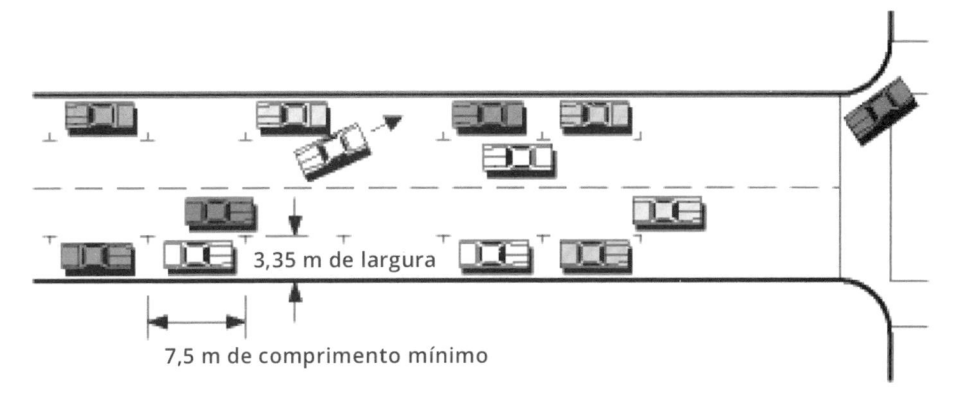

FIG. 3.12 Medidas de estacionamento paralelo
Fonte: Usaf (1998).

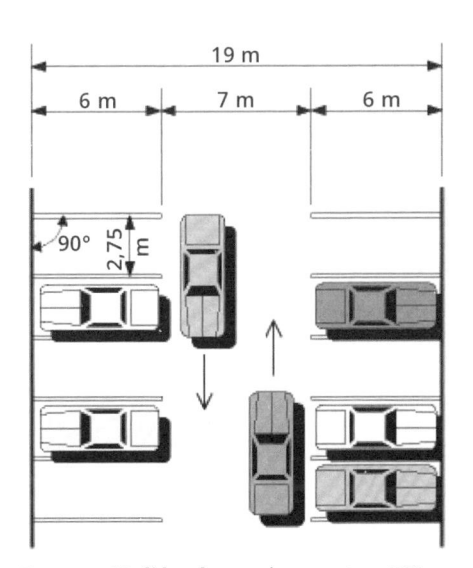

FIG. 3.13 Medidas de estacionamento a 90°
Fonte: Usaf (1998).

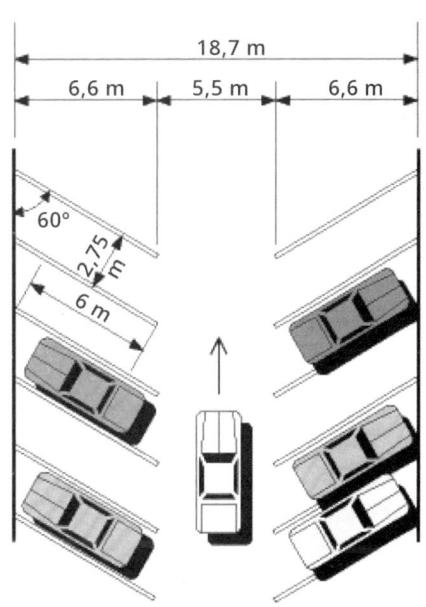

FIG. 3.14 Medidas de estacionamento a 60°
Fonte: Usaf (1998).

acessos em curva e para as circulações internas, até o fornecimento de inclinações das pavimentações para evitar o comprometimento da drenagem e do escoamento d'água pluvial ou, ainda, a definição de condições de implantação que evitem a depreciação visual local. Entre os requisitos técnicos apresentados, cabe destacar o item que ilustra e fornece parâmetros para acesso e disposição das vagas de estacionamento, ou seja, especificar as larguras das faixas de acesso para os diversos ângulos de disposição das vagas, de acordo com as Figs. 3.12 a 3.16, bem como explicitar as medidas requeridas para as vagas de motos e para as vagas de uso exclusivo a pessoas com

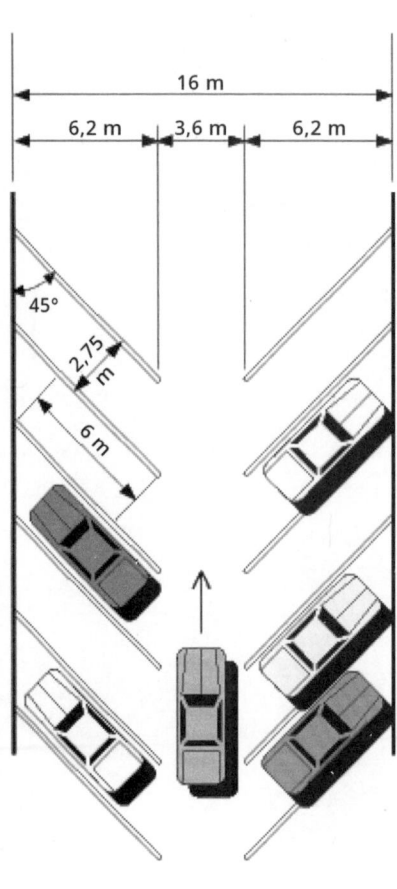

FIG. 3.15 Medidas de estacionamento a 45°
Fonte: Usaf (1998).

FIG. 3.16 Medidas de estacionamento a 30°
Fonte: Usaf (1998).

Descrição	Dimensão
Largura de vaga de estacionamento	1,5 m
Comprimento de vaga de estacionamento	2,5 m

deficiência ou com mobilidade reduzida, estas últimas respectivamente ilustradas pelas Figs. 3.17 e 3.18.

Em relação à estética, o estudo destaca a importância das áreas verdes para tornar mais agradável a utilização dos estacionamentos externos, bem como orienta a forma de plantio, considerando as particularidades pela proximidade do calor e pela impermeabilidade conferida pela pavimentação asfáltica, além de ponderar sobre a iluminação ideal, sendo todos esses aspectos dependentes do local de implantação.

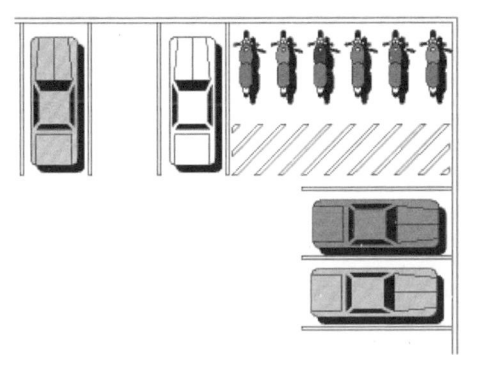

FIG. 3.17 Medidas de estacionamento de motos
Fonte: Usaf (1998).

FIG. 3.18 Medidas de estacionamento de vaga para pessoas com necessidades especiais (PNE)
Fonte: Usaf (1998).

quatro

Normas, regulamentos e instruções técnicas nacionais

Independentemente de as legislações específicas sobre trânsito/tráfego de veículos regrarem os espaços de circulação/manobra e as medidas das vagas dos veículos, diversas outras exigências técnicas legais, tais como oriundas das normas da ABNT, dos Corpos de Bombeiros e das concessionárias públicas, impõem restrições na ocupação ou no uso das áreas comuns e até mesmo determinam as dimensões das vagas, conforme a seguir discriminadas.

4.1 NBR 9050 (ABNT, 2020b) – Acessibilidade a edificações, mobiliário, espaços e equipamentos urbanos

Norma técnica importante para pleno atendimento pelos projetistas, em razão de exigir condições seguras para acesso às áreas comuns em edificações residenciais por pessoas com deficiência ou com mobilidade reduzida (este autor entende como condição segura a existência de trajeto capaz de proteger o pedestre contra atropelamento, queda e qualquer acidente que provoque ferimento). Cabe nesta publicação destacar as exigências aplicáveis que permitem a perfeita mobilidade nos interiores dos estacionamentos, favorecendo, em especial, que cadeirantes ou pessoas com quaisquer limitações físicas possam transitar autonomamente nos interiores dos estacionamentos, particularmente em caminho aos seus veículos ou às vagas destinadas exclusivamente à parada de automóveis utilizados por pessoas com deficiência ou com mobilidade reduzida.

A seguir estão transcritas definições e condições específicas constantes na NBR 9050 (ABNT, 2020b) a serem consideradas nas diretrizes de projeto para os espaços de estacionamento em edificações habitacionais ou comerciais.

4.1.1 Acesso

> 3.1.32 Rota acessível
> Trajeto contínuo, desobstruído e sinalizado, que conecte os ambientes externos ou internos de espaços e edificações, e que possa ser utilizado de forma autônoma e segura por todas as pessoas, inclusive aquelas com deficiência e mobilidade reduzida. A rota acessível pode incorporar estacionamentos, calçadas rebaixadas, faixas de travessia de pedestres, pisos, corredores, escadas e rampas, entre outros.
> [...]
> 6.2.1 Nas edificações e equipamentos urbanos, todas as entradas, bem como as rotas de interligação às funções do edifício, devem ser acessíveis.
> [...]
> 6.2.3 Os acessos devem ser vinculados através de rota acessível à circulação principal e às circulações de emergência. Os acessos devem permanecer livres de quaisquer obstáculos de forma permanente.
> 6.2.4 O percurso entre o estacionamento de veículos e os acessos deve compor uma rota acessível. Quando da impraticabilidade de se executar rota acessível entre o estacionamento e acessos, devem ser previstas, em outro local, vagas de estacionamento para pessoas com deficiência e para pessoas idosas, a uma distância máxima de 50 m até um acesso acessível.

4.1.2 Vagas de estacionamento

> 6.14 Vagas reservadas para veículos
> Há dois tipos de vagas reservadas:
> a) para os veículos que conduzam ou sejam conduzidos por idosos; e
> b) para os veículos que conduzam ou sejam conduzidos por pessoas com deficiência ou com mobilidade reduzida.
> [...]
> 6.14.1.1 As vagas para estacionamento para idosos devem ser posicionadas próximas das entradas, garantindo o menor percurso de deslocamento.
> 6.14.1.2 As vagas para estacionamento de veículos que conduzam ou sejam conduzidos por pessoas com deficiência ou com mobilidade reduzida devem:
> [...]
> b) contar com um espaço adicional de circulação com no mínimo 1,20 m de largura, quando afastadas da faixa de travessia de pedestres. Esse espaço

pode ser compartilhado por duas vagas, no caso de estacionamento paralelo, perpendicular ou oblíquo ao meio-fio;
c) estar vinculadas à rota acessível que as interligue aos polos de atração;
d) estar localizada de forma a evitar a circulação entre veículos;
[...]
f) o percurso máximo entre a vaga e o acesso à edificação ou elevadores deve ser de no máximo 50 m.

4.1.3 Circulação de pedestre

6.14.2 Circulação de pedestre em estacionamentos
Todo estacionamento deve garantir uma faixa de circulação de pedestre que garanta um trajeto seguro e com largura mínima de 1,20 m até o local de interesse. Este trajeto vai compor a rota acessível.

4.1.4 Vagas reservadas

6.14.3 Previsão de vagas reservadas
Nos estacionamentos externos ou internos das edificações de uso público ou coletivo, ou naqueles localizados nas vias públicas, devem ser reservadas vagas para pessoas idosas e com deficiência ou com mobilidade reduzida. Os percentuais das diferentes vagas estão definidos em legislação específica [...].

4.2 NBR 9077 (ABNT, 2001) – SAÍDAS DE EMERGÊNCIA EM EDIFÍCIOS

Embora os Corpos de Bombeiros das Polícias Militares dos Estados apresentem legislação própria abarcando as condições exigidas para as saídas de emergência em edifícios, verifica-se que possuem texto muito próximo ao apresentado na NBR 9077 (ABNT, 2001) (em revisão durante a produção deste livro), sendo que, na casualidade da existência de exigência técnica legal conflitante, este autor orienta a adoção da condição mais favorável à segurança do usuário. Em razão da possibilidade de as demarcações das vagas ou das dimensões internas dos estacionamentos obstruírem ou dificultarem a evacuação do compartimento em eventual situação emergencial, os principais itens normativos encontram-se a seguir transcritos:

4.5.1.1 Os acessos devem satisfazer às seguintes condições:
a) permitir o escoamento fácil de todos os ocupantes do prédio;
b) permanecer desobstruídos em todos os pavimentos;
[...]

d) ter pé-direito mínimo de 2,50 m, com exceção de obstáculos representados por vigas, vergas de portas, e outros, cuja altura mínima livre deve ser de 2,00 m;
[...]
4.5.1.2 Os acessos devem permanecer livres de quaisquer obstáculos, tais como móveis, divisórias móveis, locais para exposição de mercadorias, e outros, de forma permanente, mesmo quando o prédio esteja supostamente fora de uso.

4.3 Instruções Técnicas do Corpo de Bombeiros do Estado de São Paulo

Considerando-se o esclarecido na seção anterior, precisamente, que as legislações oriundas das corporações dos Corpos de Bombeiros estaduais podem conter imposições comuns às apresentadas pelas normas técnicas da ABNT, muitas das instruções técnicas poderiam ser destacadas neste capítulo, já que são aplicáveis de forma generalizada às edificações. A seguir está transcrita uma importante exigência da Instrução Técnica nº 20 – Sinalização de emergência (Corpo de Bombeiros do Estado de São Paulo, 2019b), idealizada para determinar as exigências das sinalizações de emergência em edifícios multifamiliares ou de uso público, visando, por intermédio de um sistema de sinais, agregar segurança para a ocupação das edificações, em especial das áreas de risco, de acordo com o Decreto Estadual nº 56.819/11 – Regulamento de segurança contra incêndio das edificações e áreas de risco do Estado de São Paulo, e assegurar o acesso aos equipamentos de combate a incêndio, em especial os hidrantes e os extintores, evitando, assim, que os veículos estacionados impeçam a utilização dos equipamentos no combate primeiro às chamas ou obstruam as passagens que servem para a evacuação dos usuários em situações emergenciais, conforme:

5.3.2 Sinalização complementar
A sinalização complementar é o conjunto de sinalização composto por faixas de cor ou mensagens complementares à sinalização básica, porém, das quais esta última não é dependente.
5.3.2.1 A sinalização complementar tem a finalidade de:
5.3.2.1.1 Complementar, através de um conjunto de faixas de cor, símbolos ou mensagens escritas, a sinalização básica, nas seguintes situações:
  a. indicação continuada de rotas de saída, orientando o trajeto completo até uma saída de emergência;
  b. indicação de obstáculos (pilares, arestas de paredes e vigas, desníveis de piso, fechamento de vãos com vidros ou outros materiais translúcidos e transparentes) e riscos de utilização das rotas de saída;
  c. mensagens específicas escritas que acompanham a sinalização básica, onde for necessária a complementação da mensagem dada pelo símbolo;

> [...]
> 5.3.2.1.3 Demarcar áreas visando definir um leiaute no piso, para assegurar corredores de circulação destinados às rotas de saídas e acesso a equipamentos de combate a incêndio e alarme, em locais ocupados por estacionamento de veículos, depósitos de mercadorias e máquinas ou equipamentos de áreas fabris;

Ratificando a proximidade entre as exigências técnicas das normas da ABNT e das Instruções Técnicas das corporações dos Corpos de Bombeiros estaduais, vale destacar a Instrução Técnica nº 11 (Corpo de Bombeiros do Estado de São Paulo, 2019a), que versa sobre saídas de emergência, especificamente o item 5.5, conforme:

> 5.5.1.1 Os acessos devem satisfazer às seguintes condições:
> a) permitir o escoamento fácil de todos os ocupantes da edificação;
> b) permanecer desobstruídos em todos os pavimentos;
> c) ter larguras de acordo conforme o estabelecido no item 5.4;
> d) ter pé-direito mínimo de 2,30 m, com exceção de obstáculos representados por vigas, vergas de portas e outros, cuja altura mínima livre deve ser de 2,10 m;
> e) ser sinalizados e iluminados (iluminação de emergência) com indicação clara do sentido da saída, de acordo com o estabelecido na IT 18 – Iluminação de emergência e na IT 20 – Sinalização de emergência.

Pôde-se perceber conflito entre as medidas de pé-direito mínimo informadas pela NBR 9077 (ABNT, 2001) e pela Instrução Técnica nº 11 (Corpo de Bombeiros do Estado de São Paulo, 2019a), tendo em vista que a primeira exigência impõe mínimo de 2,50 m e a segunda, mínimo de 2,30 m.

Embora deva prevalecer o conceito de adotar a exigência que confira maior segurança ao usuário, vale ratificar a revisão da NBR 9077 (ABNT, 2001) durante os estudos que findaram com esta publicação, bem como salientar a similaridade entre os textos dos referidos subcapítulos em ambos os documentos, elaborados com defasagem de 18 anos, condição que sugere a adoção da medida de 2,30 m como pé-direito mínimo nos estacionamentos coletivos, determinado por exigência técnica mais recente (2019).

Diante do exposto, percebe-se não haver permissividade para eventuais interferências dos estacionamentos que possam impedir o uso dos equipamentos para combate a incêndio ou a evacuação dos usuários em situações emergenciais, obrigando que os projetos de estacionamento incluam as exigências expostas, especialmente nas posições das vagas.

4.4 NBR 5410 (ABNT, 2008) – INSTALAÇÕES ELÉTRICAS DE BAIXA TENSÃO

Da mesma forma que há a necessidade de assegurar que os projetos de estacionamento garantam o acesso aos equipamentos de combate a incêndio, os quadros elétricos e os compartimentos técnicos que abrigam equipamentos energizados, importantes para o usufruto da edificação, igualmente necessitam que os acessos permaneçam livres durante toda a vida útil de ocupação. Cabe salientar que edifícios verticais de múltiplos andares, em lotes restritos em área, costumam ser projetados abrigando Cabines de Transformação, Entradas de Energia, Centros de Medição e Geradores, realidade construtiva que demanda projetar os estacionamentos em consonância aos itens a seguir transcritos da NBR 5410 (ABNT, 2008):

> 5.1.6.5 As portas de acesso aos locais devem permitir a fácil saída das pessoas, abrindo no sentido da fuga (abrindo para fora). A abertura das portas, pelo lado interno dos locais, deve ser possível sem o uso de chaves, mesmo que as portas sejam fechadas a chave pelo lado de fora.
> [...]
> 6.1.4 Acessibilidade
> Os componentes, inclusive as linhas elétricas, devem ser dispostos de modo a facilitar sua operação, inspeção, manutenção e o acesso a suas conexões. O acesso não deve ser significativamente reduzido pela montagem dos componentes em invólucros ou compartimentos.
> [...]
> 6.5.4.8 Os conjuntos, em especial os quadros de distribuição, devem ser instalados em local de fácil acesso e ser providos de identificação do lado externo, legível e não facilmente removível.

4.5 Instalações hidráulicas

Adicionalmente ao descrito na seção anterior, os estacionamentos são usualmente projetados considerando-se abrigar instalações hidráulicas, a exemplo dos poços e das caixas de passagem de águas servidas, de drenagem, de esgoto e dos reservatórios d'água limpa, de retardo pluvial e de reúso. Acontece que esses acessos, com frequência, são ocasionalmente obstruídos pelos veículos estacionados, ou seja, a necessidade de assegurar o livre acesso às instalações exige que os projetos evitem que as vagas sejam posicionadas sobre alçapões de ingresso ou justapostas às entradas dos compartimentos ou mesmo das instalações, que venham a impedir o acesso com folga e segurança ou coíbam o remanejamento ou a substituição de peças de porte, tais como geradores e tanques.

A condição de assegurar os acessos às instalações hidráulicas está prevista nos itens transcritos na íntegra a seguir das normas pertinentes, sem prejuízo de igual análise para os equipamentos elétricos que possam integrar esses sistemas, conforme:

4.5.1 NBR 5626 (ABNT, 2020a) – sistemas prediais de água fria e quente

Além das exigências mínimas de acessibilidade que a concessionária eventualmente possa fixar, o projeto da instalação predial de água fria deve considerar vantagens e desvantagens decorrentes da forma adotada para instalação das tubulações e dos componentes em geral. É fundamental que haja fácil acesso para manutenção.

No que concerne à operação e à manutenção da instalação predial de água fria, recomenda-se observar no projeto o princípio de máxima acessibilidade a todas as suas partes.

4.5.2 NBR 10844 (ABNT, 1989) – instalação predial de águas pluviais

> 4.2 Instalações de drenagem de águas pluviais
> 4.2.1 Estas devem ser projetadas de modo a obedecer às seguintes exigências:
> [...]
> c) permitir a limpeza e desobstrução de qualquer ponto no interior da instalação;

4.5.3 NBR 8160 (ABNT, 1999) – sistemas prediais de esgoto sanitário – projeto e execução

> 4.2.3.6 Os ramais de descarga e de esgoto devem permitir fácil acesso para desobstrução e limpeza.
> [...]
> As caixas de gordura devem ser instaladas em locais de fácil acesso e com boas condições de ventilação.
> [...]
> Os dispositivos de inspeção devem ter as seguintes características:
> a) abertura suficiente para permitir as desobstruções com a utilização de equipamentos mecânicos de limpeza;
> [...]
> Partes ou componentes da instalação que permaneçam externamente (instalação aparente) e requeiram proteção contra corrosão atmosférica devem ser fixadas de tal maneira que o acesso seja livre em volta das mesmas, de forma a se poder aplicar tinta ou outro tipo de revestimento protetor.

cinco

Características da frota de veículos circulante no território nacional

Tomando-se como premissa que o presente livro poderá contribuir para o desenvolvimento dos projetos de estacionamento, foram pesquisados os sites das principais montadoras, em especial aquelas que expõem claramente os principais dados veiculares, e levantadas as medidas de veículos fabricados, na grande maioria, a partir do ano de 2018, escolhendo-se de forma igualitária veículos pequenos, médios e grandes, e ainda abrangendo as categorias dos veículos populares, intermediários e de luxo, o que possibilitou, assim, embasar esta publicação com um universo amostral minimamente representativo da atual frota nacional de veículos automotores particulares.

5.1 Comprimento, largura, altura e diâmetro de giro

Buscando dados técnicos dos veículos que trafegam nos municípios brasileiros e que determinam os espaços necessários nos estacionamentos, foram realizadas pesquisas com as montadoras de veículos instaladas no Brasil e de veículos importados que circulam nas ruas do País que disponibilizam dados nos seus sites, sendo confeccionada a Tab. 5.1, com os elementos básicos necessários a serem considerados nas diretrizes de projeto para estacionamento.

Tab. 5.1   Dimensões e diâmetro de giro dos veículos

	Montadora	Modelo	Comprimento (mm)	Largura (mm)	Altura (mm)	Diâmetro mínimo de giro (m)
1	Smart	Smart For Two/2018	2.695	1.663	1.555	6,95
2	Smart	Smart For Two/2018	3.495	1.665	1.554	8,65
3	Fiat	Mobi Easy/2018	3.566	1.633	1.490	9,50
4	Kia	Picanto 1.0 L Aut	3.595	1.595	1.495	9,80
5	Suzuki	Jimny Sierra	3.645	1.645	1.725	9,80
6	Renault	Kwid/2019	3.679	1.579	1.474	-
7	Volkswagen	Novo UP MPI MQ200/2019	3.689	1.645	1.504	9,90
8	Fiat	Uno Attractive/2018	3.820	1.636	1.555	-
9	Volkswagen	Gol/2019	3.892	1.656	1.474	10,90
10	GM	Onix/2018	3.930	1.705	1.474	10,34
11	Fiat	Argo/2019	4.000	1.724	1.507	11,00
12	Volkswagen	Polo/2019	4.057	1.751	1.468	11,60
13	Honda	Fit LX/2019	4.096	1.694	1.689	-
14	Kia	Soul 1.6 L Aut	4.140	1.800	1.625	10,60
15	Citroën	C4 Cactus/2019	4.170	1.714	1.563	-
16	Jeep	Renegade Sport 1.8/2018	4.232	1.805	1.658	10,84
17	Volkswagen	Golf/2018	4.255	1.799	1.476	10,90
18	GM	Tracker/2018	4.258	1.776	1.689	11,20
19	GM	Prisma/2018	4.275	1.705	1.427	10,43
20	Suzuki	S-Cross/2018	4.300	1.785	1.600	10,40
21	Fiat	Palio Weekend/2018	4.310	1.639	1.515	10,50
22	Renault	Captur/2019	4.329	1.813	1.622	-
23	Ford	Focus/2017	4.360	1.858	1.469	-
24	GM	Spin/2018	4.360	1.735	1.679	10,88
25	Mitsubishi	ASX Flex/2018	4.360	1.780	1.635	10,60
26	Fiat	Cronos 1.3/2018	4.364	1.726	1.516	10,90
27	Land Rover	Novo Range Rover Evoque 2019	4.371	1.996	1.649	11,60
28	Mitsubishi	Pajero Full 3P/2018	4.385	1.875	1.880	10,60
29	Jeep	Compass 2.0 16V AT6/2018	4.394	1.819	1.636	11,30
30	Mitsubishi	Eclipse Cross/2018	4.405	1.805	1.685	10,60

Tab. 5.1   (continuação)

	Montadora	Modelo	Comprimento (mm)	Largura (mm)	Altura (mm)	Diâmetro mínimo de giro (m)
31	Fiat	Strada Adventure/2018	4.471	1.740	1.648	11,30
32	GM	Cobalt/2019	4.481	1.735	1.514	10,88
33	Volkswagen	Virtus/2019	4.482	1.751	1.472	10,90
34	Volkswagen	Tiguan/2016	4.526	1.839	1.701	12,00
35	Kia	Cerato Flex	4.560	1.780	1.460	10,60
36	Mitsubishi	Lancer 2.0/2018	4.570	1.765	1.505	10,40
37	Honda	CRV/2019	4.591	1.855	1.677	-
38	Toyota	RAV4/2019	4.600	1.855	1.685	11,80
39	Citroën	C4 Lounge/2019	4.621	1.789	1.505	-
40	Lexus	NX300/2017	4.640	1.845	1.645	12,20
41	Honda	Civic EX/2019	4.641	1.799	1.433	-
42	Renault	Fluence	4.641	1.800	1.501	-
43	GM	Equinox/2018	4.652	1.843	1.695	12,70
44	Volkswagen	Jetta/2018	4.659	1.778	1.482	11,10
45	GM	Cruze Sedan/2018	4.665	1.807	1.484	10,92
46	Mitsubishi	Outlander 2.0/2018	4.695	1.810	1.680	10,60
47	GM	Camaro/2020	4.784	1.897	1.340	11,60
48	Volkswagen	Touareg/2017	4.801	1.940	1.732	11,90
49	Volkswagen	Passat/2018	4.874	1.832	1.476	11,40
50	Toyota	Camry/2019	4.885	1.840	1.455	12,40
51	Honda	Accord/2019	4.889	1.862	1.460	-
52	Mitsubishi	Pajero Full 5P/2018	4.900	1.875	1.900	11,40
53	Fiat	Toro 1.8/2018	4.915	1.844	1.729	12,20
54	Lexus	ES350/2018	4.915	1.820	1.450	12,20
55	Mercedez	Mercedez Classe E Limousine	4.923	1.852	1.468	-
56	Land Rover	Discovery Sport/2019	4.956	2.073	1.909	12,40
57	Audi	Audi A7	4.974	1.911	1.420	-
58	Mercedes	Classe S Limousine/2019	5.125	1.899	1.496	-
59	Jaguar	XJ	5.130	1.950	1.460	11,9

Tab. 5.1 (continuação)

	Montadora	Modelo	Comprimento (mm)	Largura (mm)	Altura (mm)	Diâmetro mínimo de giro (m)
60	Porsche	Panamera Turbo S E-Hybrid Executive	5.199	1.937	1.432	-
61	Lexus	LS 500H/2019	5.235	1.900	1.450	-
62	Nissan	Frontier	5.250	1.900	1.855	-
63	Mitsubishi	L200 Triton	5.280	1.785	1.785	11,80
64	Volkswagen	Amarok/2019	5.321	2.034	2.093	12,95
65	Toyota	Hilux Cab Dupla/2019	5.330	1.855	1.795	13,40
66	Ford	Ranger/2019	5.354	1.860	1.806	-
67	GM	S10	5.408	1.874	1.854	12,70
68	Mercedes	Limousine Maybach/2019	5.462	1.899	1.498	-

Os dados de comprimento, largura (considerada sem os espelhos retrovisores) e diâmetro mínimo de giro fornecem os principais parâmetros para os projetos de estacionamento, particularmente os tamanhos mínimos das vagas e as larguras mínimas das faixas de circulação de acesso a elas.

Esclarece-se que a maior parte dos municípios brasileiros apresentam duas classificações de tamanhos, conforme demonstrou a Tab. 2.5, não obstante o fato de que importantes cidades contêm ou continham, ao menos até a presente publicação, até três classificações de medidas, a exemplo de São Paulo, Maceió e Goiânia. Compete destacar que as aprovações dos projetos pelas prefeituras, ao considerarem os tamanhos diferenciados das vagas, por vezes prejudicam os usuários, tendo em vista a possibilidade de as negociações imobiliárias não destacarem as restrições impostas para estacionamento dos veículos conforme os tamanhos disponibilizados nos projetos aprovados.

Cabe salientar que a ordenação dos veículos, em função das medidas dos seus comprimentos, possui como lastro o estudo a seguir apresentado em formato de tabela, em razão de os comprimentos dos veículos terem demonstrado as maiores variações unitárias dentro do universo pesquisado e, exceto por raras exceções, ordenarem na razão direta os raios de giro, sendo pouco menos determinantes, para a classificação dos tamanhos, as variações das larguras dos veículos, conforme indicado na Tab. 5.2.

Tab. 5.2 Estudos das variações das dimensões de veículos

	Montadora	Modelo	Comprimento (mm)	Variação	Largura (mm)	Variação	Altura (mm)	Variação	Diâmetro mínimo de giro (m)	Variação
1	Smart	Smart For Two/2018	2.695	-40%	1.663	-8%	1.555	-2%	6,95	-37%
2	Smart	Smart For Two/2018	3.495	-23%	1.665	-8%	1.554	-2%	8,65	-22%
3	Fiat	Mobi Easy/2018	3.566	-21%	1.633	-9%	1.490	-6%	9,50	-14%
4	Kia	Picanto 1.0 L Aut	3.595	-20%	1.595	-11%	1.495	-6%	9,80	-12%
5	Suzuki	Jimny Sierra	3.645	-19%	1.645	-9%	1.725	8%	9,80	-12%
6	Renault	Kwid/2018	3.679	-18%	1.579	-12%	1.474	-7%	-	-
7	Volkswagen	Novo UP MPI MQ200/2019	3.689	-18%	1.645	-9%	1.504	-6%	9,90	-11%
8	Fiat	Uno Attractive/2018	3.820	-15%	1.636	-9%	1.555	-2%	-	-
9	Volkswagen	Gol/2019	3.892	-14%	1.656	-8%	1.474	-7%	10,90	-2%
10	GM	Onix/2018	3.930	-13%	1.705	-5%	1.474	-7%	10,34	-7%
11	Fiat	Argo/2019	4.000	-11%	1.724	-4%	1.507	-5%	11,00	-1%
12	Volkswagen	Polo/2019	4.057	-10%	1.751	-3%	1.468	-8%	11,60	5%
13	Honda	Fit LX/2019	4.096	-9%	1.694	-6%	1.689	6%	-	-
14	Kia	Soul 1.6 L Aut	4.140	-8%	1.800	0%	1.625	2%	10,60	-4%
15	Citroën	C4 Cactus/2019	4.170	-8%	1.714	-5%	1.563	-2%	-	-
16	Jeep	Renegade Sport 1.8/2018	4.232	-6%	1.805	0%	1.658	4%	10,84	-2%
17	Volkswagen	Golf/2018	4.255	-6%	1.799	0%	1.476	-7%	10,90	-2%

Tab. 5.2 (continuação)

	Montadora	Modelo	Comprimento (mm)	Variação	Largura (mm)	Variação	Altura (mm)	Variação	Diâmetro mínimo de giro (m)	Variação
18	GM	Tracker/2018	4.258	-6%	1.776	-1%	1.689	6%	11,20	1%
19	GM	Prisma/2018	4.275	-5%	1.705	-5%	1.427	-10%	10,43	-6%
20	Suzuki	S-Cross/2018	4.300	-5%	1.785	-1%	1.600	1%	10,40	-6%
21	Fiat	Palio Weekend/2018	4.310	-4%	1.639	-9%	1.515	-5%	10,50	-5%
22	Renault	Captur/2019	4.329	-4%	1.813	1%	1.622	2%	-	-
23	Mitsubishi	ASX Flex/2018	4.360	-3%	1.780	-1%	1.635	3%	10,60	-4%
24	GM	Spin/2018	4.360	-3%	1.735	-4%	1.679	5%	10,88	-2%
25	Ford	Focus/2017	4.360	-3%	1.858	3%	1.469	-8%	-	-
26	Fiat	Cronos 1.3/2018	4.364	-3%	1.726	-4%	1.516	-5%	10,90	-2%
27	Land Rover	Novo Range Rover Evoque 2019	4.371	-3%	1.996	11%	1.649	4%	11,60	5%
28	Mitsubishi	Pajero Full 3P/2018	4.385	-3%	1.875	4%	1.880	18%	10,60	-4%
29	Jeep	Compass 2.0 16V AT6/2018	4.394	-3%	1.819	1%	1.636	3%	11,30	2%
30	Mitsubishi	Eclipse Cross/2018	4.405	-2%	1.805	0%	1.685	6%	10,60	-4%
31	Fiat	Strada Adventure/2018	4.471	-1%	1.740	-3%	1.648	4%	11,30	2%
32	GM	Cobalt/2019	4.481	-1%	1.735	-4%	1.514	-5%	10,88	-2%
33	Volkswagen	Virtus/2019	4.482	-1%	1.751	-3%	1.472	-8%	10,90	-2%
34	Volkswagen	Tiguan/2016	4.526	0%	1.839	2%	1.701	7%	12,00	8%
35	Kia	Cerato Flex	4.560	1%	1.780	-1%	1.460	-8%	10,60	-4%

Tab. 5.2 (continuação)

	Montadora	Modelo	Comprimento (mm)	Variação	Largura (mm)	Variação	Altura (mm)	Variação	Diâmetro mínimo de giro (m)	Variação
36	Mitsubishi	Lancer 2.0/2018	4.570	1%	1.765	-2%	1.505	-5%	10,40	-6%
37	Honda	CRV/2019	4.591	2%	1.855	3%	1.677	5%	-	-
38	Toyota	RAV4/2019	4.600	2%	1.855	3%	1.685	6%	11,80	6%
39	Citroën	C4 Lounge/2019	4.621	2%	1.789	-1%	1.505	-5%	-	-
40	Lexus	NX300/2017	4.640	3%	1.845	2%	1.645	3%	12,20	10%
41	Honda	Civic EX/2019	4.641	3%	1.799	0%	1.433	-10%	-	-
42	Renault	Fluence	4.641	3%	1.800	0%	1.501	-6%	-	-
43	GM	Equinox/2018	4.652	3%	1.843	2%	1.695	6%	12,70	15%
44	Volkswagen	Jetta/2018	4.659	3%	1.778	-1%	1.482	-7%	11,10	0%
45	GM	Cruze Sedan/2018	4.665	3%	1.807	0%	1.484	-7%	10,92	-2%
46	Mitsubishi	Outlander 2.0/2018	4.695	4%	1.810	1%	1.680	6%	10,60	-4%
47	GM	Camaro/2020	4.784	6%	1.897	5%	1.340	-16%	11,60	5%
48	Volkswagen	Touareg/2017	4.801	6%	1.940	8%	1.732	9%	11,90	7%
49	Volkswagen	Passat/2018	4.874	8%	1.832	2%	1.476	-7%	11,40	3%
50	Toyota	Camry/2019	4.885	8%	1.840	2%	1.455	-9%	12,40	12%
51	Honda	Accord/2019	4.889	8%	1.862	3%	1.460	-8%	-	-
52	Mitsubishi	Pajero Full 5P/2018	4.900	9%	1.875	4%	1.900	19%	11,40	3%
53	Lexus	ES350/2018	4.915	9%	1.820	1%	1.450	-9%	12,20	10%
54	Fiat	Toro 1.8/2018	4.915	9%	1.844	2%	1.729	9%	12,20	10%
55	Mercedes	Mercedez Classe E Limousine	4.923	9%	1.852	3%	1.468	-8%	-	-

Tab. 5.2 (continuação)

	Montadora	Modelo	Comprimento (mm)	Variação	Largura (mm)	Variação	Altura (mm)	Variação	Diâmetro mínimo de giro (m)	Variação
56	Land Rover	Discovery Sport/2019	4.956	10%	2.073	15%	1.909	20%	12,40	12%
57	Audi	Audi A7	4.974	10%	1.911	6%	1.420	-11%	-	-
58	Mercedes	Classe S Limousine/2019	5.125	14%	1.899	5%	1.496	-6%	-	-
59	Jaguar	XJ	5.130	14%	1.950	8%	1.460	-8%	11,9	7%
60	Porsche	Panamera Turbo S E-Hybrid Executive	5.199	15%	1.937	8%	1.432	-10%	-	-
61	Lexus	LS 500H/2019	5.235	16%	1.900	6%	1.450	-9%	-	-
62	Nissan	Frontier	5.250	16%	1.900	6%	1.855	17%	-	-
63	Mitsubishi	L200 Triton	5.280	17%	1.785	-1%	1.785	12%	11,80	16%
64	Volkswagen	Amarok/2019	5.321	18%	2.034	13%	2.093	31%	12,95	17%
65	Toyota	Hilux Cab Dupla/2019	5.330	18%	1.855	3%	1.795	13%	13,40	21%
66	Ford	Ranger/2019	5.354	19%	1.860	3%	1.806	13%	-	-
67	GM	S10	5.408	20%	1.874	4%	1.854	16%	12,70	15%
68	Mercedes	Limousine Maybach/2019	5.462	21%	1.899	5%	1.498	-6%	-	-
			306.832,00		122.451,00		108.237,50		543,44	
	Média (68 veículos/20 montadoras)		4.512,24		1.800,75		1591,73		11,09	
	Média ajustada (exclusão 5% extremos)		4.529,87		1.799,05		1583,04		11,14	

5.2 Inclinação máxima das rampas

As legislações edilícias ora vigentes na grande maioria dos municípios brasileiros impõem limitações das rampas medidas em percentuais de inclinação com até 25% (conforme Tab. 2.8), configuração física limite que por vezes acaba gerando pequenos acidentes com as partes mais inferiores de alguns veículos (saias frontais, *spoiler*, engates, chassis, assoalho, para-choques etc.).

Compete esclarecer a existência de três características físicas limitantes para a circulação dos veículos nas rampas, especificamente a geometria do veículo, a aderência dos pneus às pavimentações e a potência do motor. Tendo em vista a premissa de que a geometria veicular é a característica primeira responsável por limitar a circulação nas rampas, considerando-se as superfícies das pavimentações com rugosidade adequada para conferir atrito suficiente com os pneus (evitando deslizamento), e de que as motorizações permitem aos veículos superar aclives superiores a 25% (em decorrência do estado da arte da indústria automobilística), coube o levantamento dos ângulos máximos previstos de entrada (chamados de ângulos de ataque dos veículos *off road*) e de saída, de forma a evitar o choque das partes baixas mais extremas dos automóveis com as pistas de rolamento.

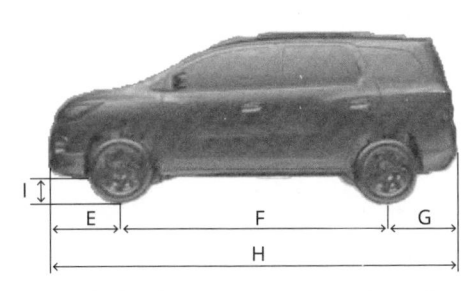

E. Distância entre o centro da roda dianteira e o para-choque dianteiro - 870 mm

F. Distância entre eixos - 2.620 mm

G. Distância entre o centro da roda traseira e o para-choque traseiro - 870 mm

H. Comprimento total - 4.360 mm

I. Distância até o solo - 118 mm

FIG. 5.1 *Modelo de informe das montadoras*
Fonte: GM (2018).

Com base nos informes das alturas livres da pavimentação até o ponto mais baixo do veículo e das medidas dos eixos das rodas até as extremidades dos veículos, constantes nos manuais das poucas montadoras que disponibilizam os dados, obtidos nos seus respectivos sites (a exemplo da Fig. 5.1), foi possível formular a Tab. 5.3, em que são apresentadas as inclinações mínimas admissíveis das rampas para acesso dos veículos, cabendo nesta seção especialmente enaltecer a General Motors pela transparência de seus informes.

Embora este livro não possua o objetivo de informar o histórico das exigências técnicas legais de décadas que ainda perduram nas legislações edilícias vigentes, vale explicar que a inclinação de 25% das rampas, hoje reconhecida como quase impraticável para tráfego de veículos com perfis baixos (em razão dos choques nas partes extremas), tem como origem as alturas mais elevadas dos veículos no passado, superando 15 cm do chão, equiparadas hoje em dia às dos SUVs, que sabidamente suportam inclinações das rampas que ultrapassam 25%.

Tab. 5.3   Inclinações admissíveis para acesso às rampas

Montadora	Modelo	Inclinação mínima admissível da rampa frente (ângulo de ataque) (%)	Inclinação mínima admissível da rampa traseira (ângulo de saída) (%)
Kia	Picanto 1.0 L Aut	21	27
GM	Corsa Hatch/2012	17	23
GM	Corsa Sedan/2012	17	14
GM	Meriva/2012	18	21
GM	Tracker/2021	18	19
GM	Prisma/2018	15	13
GM	Tracker Prem/2018	16	19
Suzuki	S-Cross/2018	36	58
GM	Spin/2018	14	14
Kia	Cerato Flex	19	17
Mitsubishi	Lancer 2.0/2018	18	17
GM	Equinox/2018	14	14
GM	Cruze Hatch/2021	11	14
GM	Cruze Sedan/2021	11	11
Mitsubishi	Outlander 2.0/2018	21	20
GM	Camaro/2020	11	10
GM	Blazer/2011 S10 Cab S	21	17
Fiat	Toro 1.8/2018	46	53
Citroën	Lounge/2019	20	19

Vale destacar questão técnica peculiar que, não obstante a maior parte da frota pesquisada (cerca de dois terços, ao menos para os veículos da General Motors Brasil) ter apresentado maior admissibilidade para suportar rampas pelas traseiras do veículo, há a necessidade de as diretrizes técnicas dos projetos considerarem as características físicas mais restritivas entre as frentes e as traseiras dos veículos da frota circulante (Fig. 5.2), buscando, assim, maior segurança ao limitar as inclinações das rampas mais íngremes dos estacionamentos.

FIG. 5.2 *Ângulos diversos de entrada e saída conforme dados fornecidos*

A Fig. 5.3 demonstra que as inclinações (ângulo $\alpha 1$) para ingresso (ou ataque) e saída das rampas, obtidas de medidas específicas coletadas dos manuais dos proprietários elaborados pelas montadoras, não representam os pontos efetivos de tangenciamento dos perfis dos veículos com as superfícies das rampas, condição que admite maior inclinação (ângulo $\alpha 2$), razão pela qual a Tab. 5.3 considerou os dados tabulados como "inclinação mínima admissível".

Ainda que os percentuais mínimos admissíveis das inclinações, passíveis de serem calculados, geometricamente não representem os pontos efetivos de tangenciamento dos perfis dos veículos com as superfícies das rampas, em razão de as extremidades dos veículos aceitarem inclinações maiores, cabe ressaltar que os informes das montadoras servem de base para a previsão das inclinações máximas suportadas das rampas (efetivos ângulos de entrada ou saída).

A referida previsão das inclinações máximas suportadas das rampas pode ser obtida a partir da inserção de linhas imaginárias nas imagens dos veículos em perfil, conforme as Figs. 5.3 e 5.4. Essa previsão permite visualizar diferenças entre as inclinações admissíveis obtidas

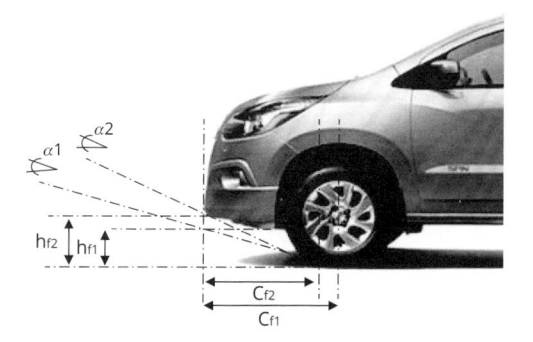

FIG. 5.3 *Diferença entre o ângulo apurado com dados da montadora e o ângulo real*

através dos dados fornecidos pelas montadoras e as inclinações máximas previstas como suportadas para acesso às rampas, obtidas geometricamente, criando-se, assim, o fator de forma.

Todo o raciocínio anterior foi aplicado para os veículos da montadora General Motors, por ter apresentado a maior quantidade de informe técnico, como constatado na Tab. 5.3, permitindo inclusive escolher perfis diferenciados (SUV, Sedan, Hatch e esportivo), o que resultou em estudo técnico abrangente para o mercado consumidor (Tab. 5.4 e Fig. 5.4). Esse estudo exigiu a aplicação da margem de imprecisão de 10% (em razão da metodologia aplicada de projeção e apuração dos ângulos), assim como da margem de uso de 5% (em razão da possibilidade de os veículos trafegarem sobrecarregados ou com baixa pressão nos pneus/deficiência na suspensão), permitindo concluir que a inclinação de até 15% é a mais favorável para reduzir a possibilidade de ocorrência de pequenos impactos nos veículos ao ingressarem e saírem das rampas dos estacionamentos.

Tab. 5.4 Apuração das inclinações máximas suportadas da Tab. 5.3 (veículos da GM com perfis diversos)

Frente					
Modelo	Inclinação para fator de forma	Fator de forma	Inclinação admissível de rampa	Inclinação máxima suportada de rampa	Inclusão da margem de segurança de 15%
Tracker/2021	44/30	1,5	17,88	27%	23%
Cruze Sedan/2021	32/19	1,7	10,64	18%	15%
Cruze Hatch/2021	32/21	1,5	10,78	16%	14%
Camaro/2020	44/30	1,5	11,32	17%	14%
Traseira					
Modelo	Inclinação para fator de forma	Fator de forma	Inclinação admissível de rampa	Inclinação máxima suportada de rampa	Inclusão da margem de segurança de 15%
Tracker/2021	64/32	2,0	19,09	38%	32%
Cruze Sedan/2021	42/18	2,3	10,53	24%	20%
Cruze Hatch/2021	53/25	2,1	13,57	28%	24%
Camaro/2020	64/32	2,0	9,87	20%	17%

TRACKER 2021

64% / 32% | 2,0 | 1,5 | 44% / 30%
4,2 | 19,09 % | 17,88 % | 3,2
2,5 | Det = 822 | h = 157 | Ded = 878 | 2,5
6,6 | 7,7 | 8,3 | 7,3

CRUZE SEDAN 2021

42% / 18% | 2,3 | 1,7 | 32% / 19%
3,2 | 10,53 % | 10,64 % | 2,4
1,6 | Det = 988 | h = 104 | Ded = 977 | 1,6
7,6 | 8,7 | 8,6 | 7,4

CRUZE HATCH 2021

53% / 25% | 2,1 | 1,5 | 32% / 21%
3,0 | 13,57 % | 10,78 % | 2,5
1,7 | Det = 774 | h = 105 | Ded = 974 | 1,8
5,7 | 6,9 | 8,7 | 7,9

CAMARO 2020

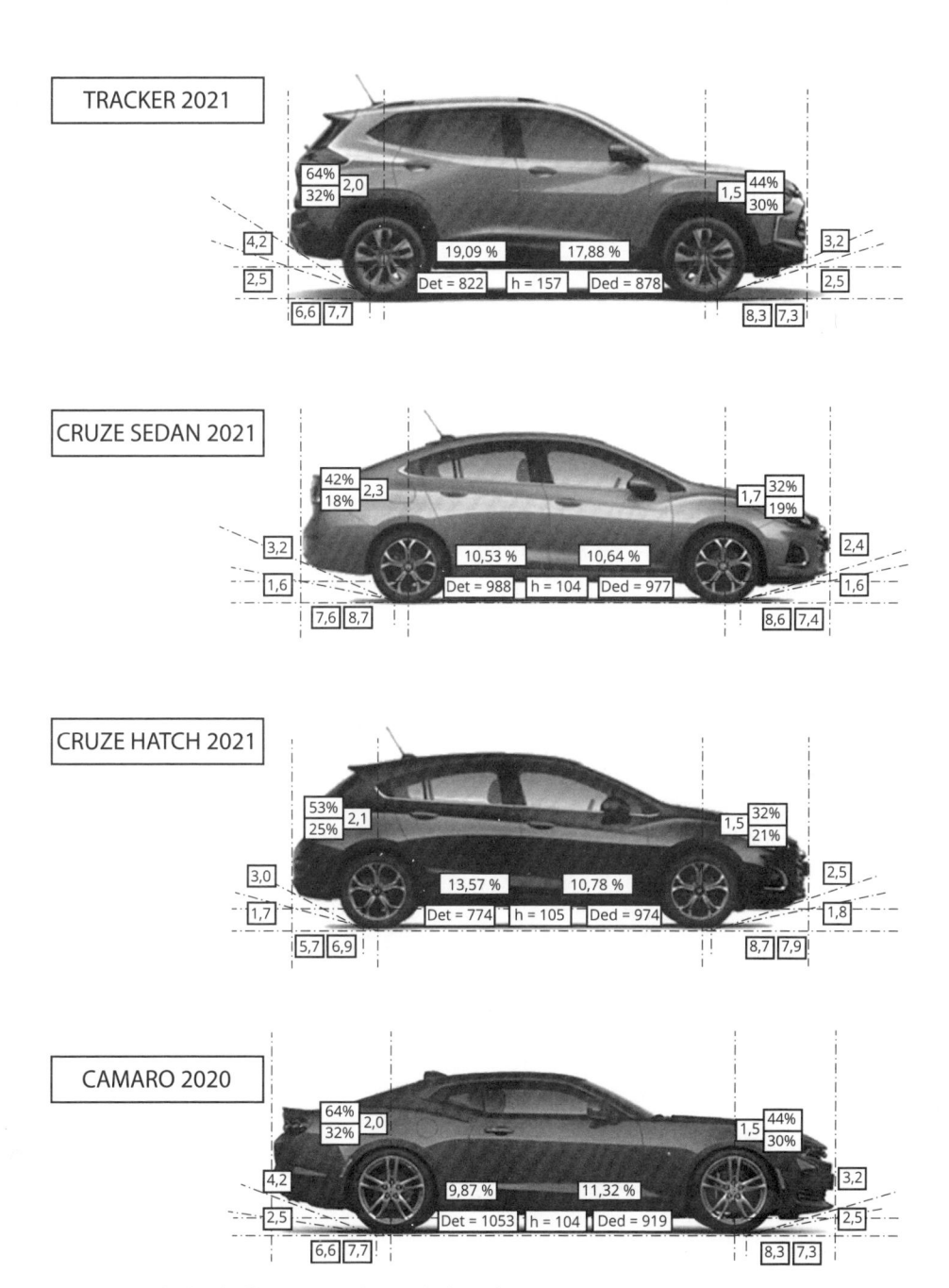

64% / 32% | 2,0 | 1,5 | 44% / 30%
4,2 | 9,87 % | 11,32 % | 3,2
2,5 | Det = 1053 | h = 104 | Ded = 919 | 2,5
6,6 | 7,7 | 8,3 | 7,3

FIG. 5.4 *Estudo das inclinações máximas admissíveis*
Fonte: *fotografias obtidas do site da GM.*

seis

ASPECTOS TÉCNICOS NÃO ABORDADOS EM NORMAS E LEGISLAÇÕES

Neste capítulo são apresentados diversos fatores condicionantes para a elaboração de projetos de estacionamento, não havendo, ao menos em face da pesquisa elaborada e transcrita no Cap. 2, explanações técnicas nas legislações municipais consultadas, em especial nos Códigos de Obras, nos Planos Diretores ou nas Leis de Uso e Ocupação de Solos, que permitam aos projetistas, e até mesmo aos agentes públicos responsáveis pelas aprovações e pela fiscalização de obras, o devido norteamento dos estudos a serem adotados visando que os estacionamentos em habitações coletivas atendam as necessidades impostas pelas características técnicas dos veículos, bem como pelas limitações e pela geometria dos espaços projetados.

Dessa forma, a seguir são apresentados norteamentos técnicos oriundos da experiência deste autor, decorrente da atuação profissional nas auditorias dos espaços dos estacionamentos, verificando as conformidades técnicas das medidas das vagas, das larguras das faixas de acesso, das circulações em curva e das exigências advindas das legislações edilícias, das normas técnicas e das instruções legais de entidades regulamentadoras e organismos oficiais.

Compete salientar que, exceto pelas legendas indicativas das fontes eventualmente consultadas, as ilustrações e as tabelas foram igualmente criadas em função da vivência prática e dos estudos desenvolvidos.

6.1 Faixa de circulação em curva

A faixa de circulação em curva, obtida por estudo técnico derivado dos gabaritos de circulação em curva e dos diâmetros mínimos de curva da frota circulante, é uma exigência pouco atendida nos projetos de estacionamento, sendo omitida em alguns códigos de obra e legislações edilícias municipais, não obstante sua importância ao permitir que a circulação dos veículos ocorra de forma segura nos interiores dos estacionamentos, ao evitar a necessidade da realização de manobras até o local de demarcação/estacionamento da vaga. Tal informação, embora possa parecer conceitual, demonstra a extrema necessidade do cumprimento das larguras mínimas das faixas de circulação em curva e não se verifica na maior parte da legislação nacional pesquisada e que embasou a presente publicação.

Merece ser destacado que a circulação contínua dos veículos nos interiores dos estacionamentos coletivos habitacionais é uma necessidade que supera a questão da comodidade de poder evitar as manobras em percurso, especialmente em razão de evitar paradas do fluxo de veículos, situação inclusive suscetível a provocar pequenos acidentes decorrentes da não rara pouca visibilidade em trechos curvos.

Um dos principais motivos para o negligenciamento do atendimento das exigências impostas às circulações em curva é a necessidade do alargamento da faixa de circulação na razão inversa à diminuição do raio interno da curva, conforme a Tab. 6.1, extraída do Código de Obras de São Paulo (2017) e que igualmente integra a maior parte dos códigos de obra e das legislações edilícias dos municípios brasileiros que abordam esse tema.

Tab. 6.1 Largura da faixa de circulação em curva em função do raio interno

Raio (m)	Automóveis e utilitários			Caminhões
	0% a 4%	5% a 12%	13% a 20%	Até 12%
3,00	3,35	3,95	4,55	Não permitido
3,50	3,25	3,85	4,45	Não permitido
4,00	3,15	3,75	4,35	Não permitido
4,50	3,05	3,65	4,25	Não permitido
5,00	2,95	3,55	4,15	Não permitido
5,50	2,85	3,45	4,05	Não permitido
6,00	2,75	3,35	3,95	5,30
6,50	2,75	3,25	3,85	5,20
7,00	2,75	3,15	3,75	5,10
7,50	2,75	3,05	3,65	5,00
8,00	2,75	2,95	3,55	4,90

Tab. 6.1   (continuação)

Raio (m)	Automóveis e utilitários			Caminhões
	0% a 4%	5% a 12%	13% a 20%	Até 12%
8,50	2,75	2,85	3,45	4,80
9,00	2,75	2,75	3,35	4,70
9,50	2,75	2,75	3,25	4,60
10,00	2,75	2,75	3,15	4,50
10,50	2,75	2,75	3,05	4,40
11,00	2,75	2,75	2,95	4,30
11,50	2,75	2,75	2,85	4,20
12,00	2,75	2,75	2,75	4,10
12,50	2,75	2,75	2,75	4,00
13,00	2,75	2,75	2,75	3,90
13,50	2,75	2,75	2,75	3,80
14,00	2,75	2,75	2,75	3,70
14,50	2,75	2,75	2,75	3,60
15,00	2,75	2,75	2,75	3,50

Fonte: adaptado de São Paulo (2017).

Para melhor compreensão sobre a necessidade do aumento da largura de circulação em curva, a Fig. 6.1 ilustra a diferença geométrica e representa a dificuldade enfrentada por um motorista na condução de um veículo classificado como grande, comparativamente à condução de um veículo pequeno (as dimensões estão dadas na Tab. 6.2).

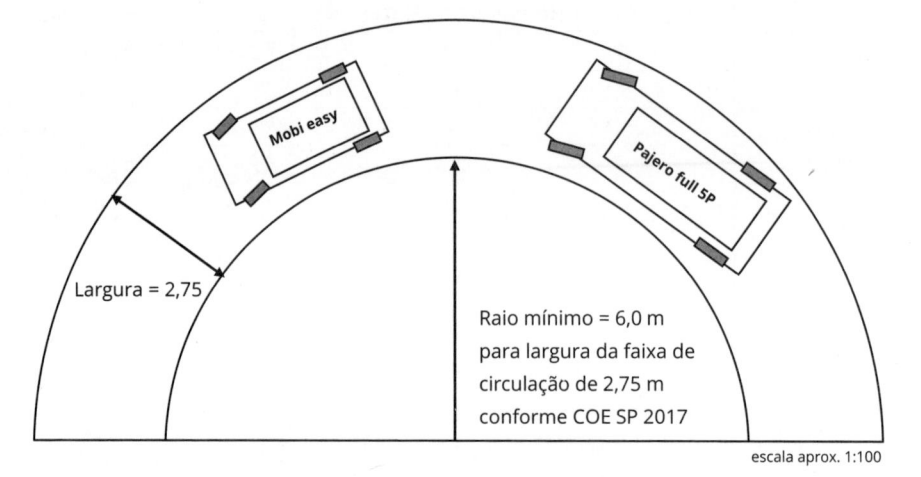

FIG. 6.1 Circulação em curva de veículos com tamanhos diferenciados

Tab. 6.2 Dimensões dos veículos de menor e maior tamanhos

Montadora	Modelo	Comprimento (mm)	Largura (mm)	Altura (mm)	Distância entre eixos (mm)	Diâmetro mínimo de giro (m)
Fiat	Mobi Easy/2018	3.566,00	1.633,00	1.490,00	2.305,00	9,50
Mitsubishi	Pajero Full 5P/2018	4.900,00	1.875,00	1.900,00	2.780,00	11,40

Outra exigência, não raramente negligenciada, diz respeito à necessidade da concordância entre a largura da faixa de circulação reta e a largura da faixa aumentada para o desenvolvimento da curva, cabendo transcrever a exigência do Código de Obras e Edificações de Florianópolis (2000, Art. 202, § 2º): "As concordâncias deverão ser realizadas totalmente fora do trecho em curva, não podendo ocorrer, em qualquer dos limites das larguras delimitadas em planta, inflexão superior a 20° (vinte graus) em relação à direção do trânsito de veículos".

6.2 LIMITAÇÕES IMPOSTAS POR ELEMENTOS CONSTRUTIVOS

Principal condição que restringe os acessos às vagas e, por conseguinte, determina as larguras das faixas de acesso a elas, decorre das proximidades aos elementos estruturais (pilares e cortinas de concreto) e de vedação (alvenaria de periferia ou de fechamento dos compartimentos técnicos).

6.2.1 Pilares

Quando as vagas se encontram confinadas ou muito próximas a pilares e/ou elementos de vedação contidos nos estacionamentos, pode-se perceber que as faixas de manobra estão limitadas pelos obstáculos formados por esses elementos, e não pelas demarcações das vagas justapostas, conforme ilustram os exemplos da Fig. 6.2, prevalecendo, portanto, para efeito de apuração das faixas de acesso, as medidas mais restritas de largura (em linha tracejada nas ilustrações).

6.2.2 Paredes de contorno dos estacionamentos

As vagas que apresentam maior dificuldade de estacionamento estão demarcadas em pavimentos confinados, com acessos a 90°, longitudinais e adjacentes às paredes de fundo dos estacionamentos, condição que exige dos motoristas manobras adicionais para estacionamento comparativamente às demais vagas, especialmente se as larguras dessas vagas não atenderem as larguras mínimas ditadas pelos diâmetros de giro de parede a parede (e não diâmetros mínimos de círculo de giro, conforme será explicado na seção 6.3). A situação descrita, ilustrada na Fig. 6.3, demonstra a necessidade de considerar a sobrelargura, provocada pela saliência (ou aumento da largura) no trajeto em curva, decorrente da desenvoltura da frente do veículo (medida do para-choque ao eixo da roda dianteira) no trajeto curvo.

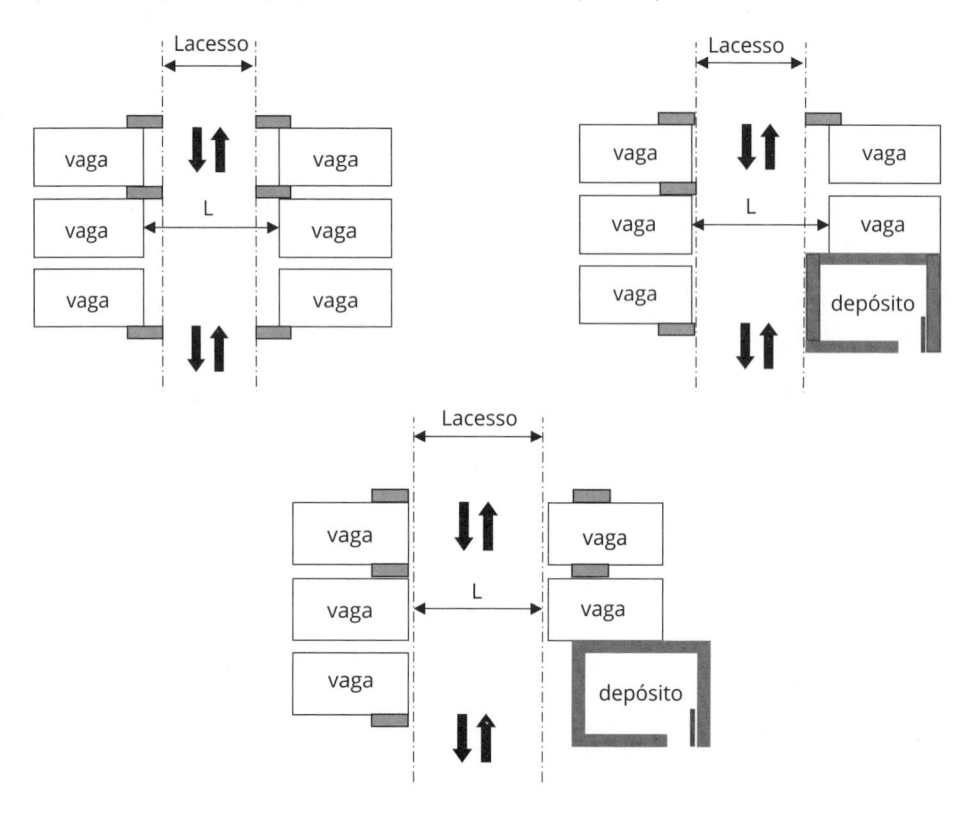

FIG. 6.2 *Larguras das faixas de acesso limitadas por pilares*

6.2.3 Sistemas construtivos diversos

Sistemas construtivos, tais como estrutura e instalações hidráulicas e elétricas, podem reduzir as alturas livres mínimas legais exigíveis nas faixas de circulação e nos interiores das vagas, conforme ilustrado na Fig. 6.4, podendo condenar os espaços de manobra e as dimensões da vaga. No caso dos elementos estruturais, cabe atentar para as existências de blocos de transição e consoles de apoio cujos níveis inferiores estejam abaixo do mínimo exigido pelas legislações edilícias. No caso das instalações aéreas prediais, insta verificar os posicionamentos das tubulações hidráulicas e dos eletrodutos.

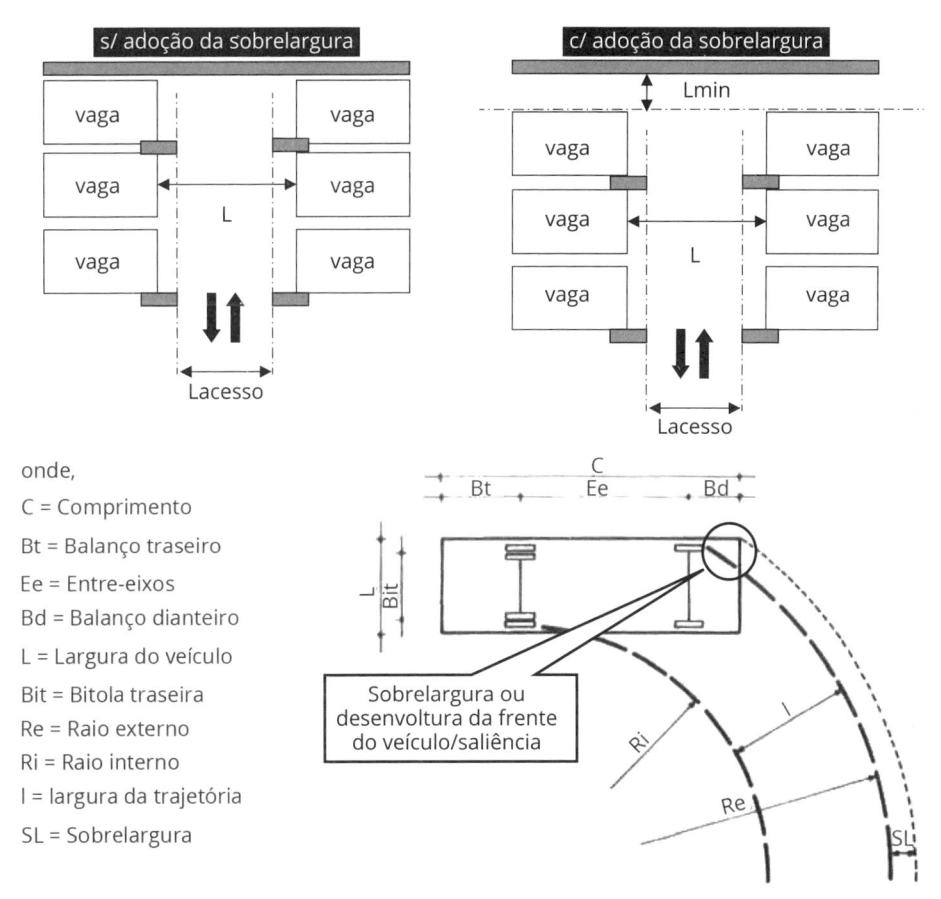

onde,

C = Comprimento

Bt = Balanço traseiro

Ee = Entre-eixos

Bd = Balanço dianteiro

L = Largura do veículo

Bit = Bitola traseira

Re = Raio externo

Ri = Raio interno

I = largura da trajetória

SL = Sobrelargura

FIG. 6.3 *Limitação de acesso às vagas paralelas e justapostas às paredes*
Fonte: CET (entre 1983 e 1985).

6.3 Espaços de manobra (ou faixas de acesso)

Para estudo do espaço ideal para a manobra de acesso à vaga de estacionamento, há que se explicar o que vem a ser diâmetro mínimo de curva ou diâmetro mínimo de círculo de giro, característica construtiva de cada veículo, traduzida no espaço mínimo necessário para o automóvel completar o giro de 360° ou simplesmente mudar o sentido em 180°, uma vez que os veículos precisam girar um quarto de círculo para ingressarem nas vagas perpendiculares à faixa de circulação, ou seja, nas vagas com acesso a 90°.

Tendo em vista que as diretrizes de projeto para espaços de estacionamento em edificações devem considerar os confinamentos decorrentes de paredes, muros, elementos estruturais (tais como pilares e colunas) ou quaisquer outros obstáculos físicos, as fabricantes de veículos estabelecidas no País deveriam informar o diâmetro de giro de parede a parede, e não somente o diâmetro de giro de círculo, que considera somente os trajetos dos pneus, desconsiderando a frente do veículo (distância entre o eixo da roda dianteira e o para-choque). Cabe ainda ressaltar que, entre os manuais técnicos obtidos dos sites das montadoras e que compuseram o universo de 68 veículos pesquisados, apenas General Motors, Mitsubishi, Land Rover e Jaguar apresentaram ambos os informes de diâmetro de giro para a maioria de seus veículos, condição que restringiu a pesquisa transcrita na Tab. 6.3, permitindo, contudo, minimamente obter a relação média entre diâmetro mínimo de giro de curva e diâmetro de giro de parede, lastreada por 11 veículos circulantes de quatro montadoras estabelecidas no território nacional.

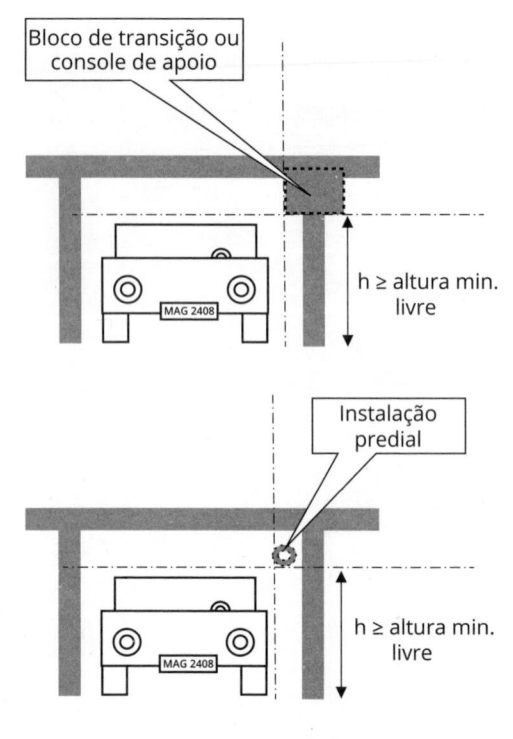

FIG. 6.4 *Limitações nas alturas livres*

Tendo em vista que os resultados das médias aritméticas, para a maioria dos estudos técnicos que exijam a manipulação de dados, são considerados de pouca exatidão por poderem levar em conta elementos discrepantes dentro do universo analisado, condição prejudicial capaz de distorcer a média efetiva, a presente publicação adotou a média ajustada, extraindo as diferenças extremas entre os diâmetros de giro de círculo e de parede, agregando maior confiabilidade no resultado obtido, especialmente em face da restrita quantidade de elementos captados, validando, no entendimento deste autor, a adoção da média apurada para o estudo desejado. Dessa forma, a média ajustada obtida de 5,28% de acréscimo no diâmetro mínimo de giro de parede em relação ao diâmetro mínimo de giro de círculo foi aplicada ao universo de veículos cujos manuais das montadoras consultados não apresentaram o dado necessário, obtendo-se, por fim, uma previsão de raio de giro mínimo de parede a parede para representativa parte dos veículos constituintes da frota nacional, conforme registrado na Tab. 6.4.

Tab. 6.3   Medidas dos diâmetros mínimos de giro e de parede

	Montadora	Modelo	Diâmetro mínimo de giro (m)	Diâmetro de giro de parede (m)	Sobrelargura (m)	Diferença
1	Jaguar	XJ	11,9	12,10	0,20	1,68%
2	GM	Prisma/2018	10,43	10,67	0,24	2,30%
3	Land Rover	Novo Range Rover Evoque 2019	11,60	11,90	0,30	2,59%
4	GM	Onix/2018	10,34	10,67	0,33	3,19%
5	GM	Tracker/2018	11,20	11,60	0,40	3,57%
6	GM	S10	12,70	13,49	0,79	6,22%
7	Mitsubishi	Pajero Full 5P/2018	11,40	12,20	0,80	7,02%
8	Mitsubishi	ASX Flex/2018	10,60	11,40	0,80	7,55%
9	Mitsubishi	Eclipse Cross/2018	10,60	11,40	0,80	7,55%
10	Mitsubishi	Pajero Full 3P/2018	10,60	11,40	0,80	7,55%
11	GM	Cruze Sedan/2018	10,92	11,80	0,88	8,06%
	Média					5,21%
	Média ajustada (exclusão 5% extremos)					5,28%

Tab. 6.4   Medidas reais e previstas de diâmetro de giro de parede

	Montadora	Modelo	Diâmetro mínimo de giro de círculo (m)	Diâmetro de giro de parede (m)	Sobrelargura (m)
1	Jaguar	XJ	11,9	12,10	0,20
2	GM	Prisma/2018	10,43	10,67	0,24
3	Land Rover	Novo Range Rover Evoque 2019	11,60	11,90	0,30
4	GM	Onix/2018	10,34	10,67	0,33
5	Smart	Smart For Two/2018	6,95	7,32	0,37

Tab. 6.4   (continuação)

	Montadora	Modelo	Diâmetro mínimo de giro de círculo (m)	Diâmetro de giro de parede (m)	Sobrelargura (m)
6	GM	Tracker/2018	11,20	11,60	0,40
7	Smart	Smart For Two/2018	8,65	9,11	0,46
8	Fiat	Mobi Easy/2018	9,50	10,00	0,50
9	Kia	Picanto 1.0 L Aut	9,80	10,32	0,52
10	Suzuki	Jimny Sierra	9,80	10,32	0,52
11	Volkswagen	Novo UP MPI MQ200/2019	9,90	10,42	0,52
12	Suzuki	S-Cross/2018	10,40	10,95	0,55
13	Mitsubishi	Lancer 2.0/2018	10,40	10,95	0,55
14	Fiat	Palio Weekend/2018	10,50	11,05	0,55
15	Kia	Soul 1.6 L Aut	10,60	11,16	0,56
16	Kia	Cerato Flex	10,60	11,16	0,56
17	Mitsubishi	Outlander 2.0/2018	10,60	11,16	0,56
18	Jeep	Renegade Sport 1.8/2018	10,84	11,41	0,57
19	GM	Spin/2018	10,88	11,45	0,57
20	GM	Cobalt/2019	10,88	11,45	0,57
21	Volkswagen	Gol/2019	10,90	11,48	0,58
22	Volkswagen	Golf/2018	10,90	11,48	0,58
23	Fiat	Cronos 1.3/2018	10,90	11,48	0,58
24	Volkswagen	Virtus/2019	10,90	11,48	0,58
25	Fiat	Argo/2019	11,00	11,58	0,58
26	Volkswagen	Jetta/2018	11,10	11,69	0,59
27	Jeep	Compass 2.0 16V AT6/2018	11,30	11,90	0,60
28	Fiat	Strada Adventure/2018	11,30	11,90	0,60
29	Volkswagen	Passat/2018	11,40	12,00	0,60
30	Volkswagen	Polo/2019	11,60	12,21	0,61
31	GM	Camaro/2020	11,60	12,21	0,61
32	Toyota	RAV4/2019	11,80	12,42	0,62
33	Mitsubishi	L200 Triton	11,80	12,42	0,62
34	Volkswagen	Touareg/2017	11,90	12,53	0,63
35	Volkswagen	Tiguan/2016	12,00	12,63	0,63
36	Lexus	NX300/2017	12,20	12,84	0,64

Tab. 6.4 (continuação)

	Montadora	Modelo	Diâmetro mínimo de giro de círculo (m)	Diâmetro de giro de parede (m)	Sobrelargura (m)
37	Lexus	ES350/2018	12,20	12,84	0,64
38	Fiat	Toro 1.8/2018	12,20	12,84	0,64
39	Toyota	Camry/2019	12,40	13,05	0,65
40	Land Rover	Discovery Sport/2019	12,40	13,05	0,65
41	GM	Equinox/2018	12,70	13,37	0,67
42	Volkswagen	Amarok/2019	12,95	13,63	0,68
43	Toyota	Hilux Cab Dupla/2019	13,40	14,11	0,71
44	GM	S10	12,70	13,49	0,79
45	Mitsubishi	Pajero Full 5P/2018	11,40	12,20	0,80
46	Mitsubishi	ASX Flex/2018	10,60	11,40	0,80
47	Mitsubishi	Pajero Full 3P/2018	10,60	11,40	0,80
48	Mitsubishi	Eclipse Cross/2018	10,60	11,40	0,80
49	GM	Cruze Sedan/2018	10,92	11,80	0,88
	Média (49 veículos/20 montadoras)		11,09	11,67	0,58
	Média ajustada (exclusão 5% extremos)		11,15	11,73	0,63

Obteve-se a média aritmética ajustada de 11,73 m para o diâmetro de giro de parede a parede, assim como a diferença média de 0,63 m em relação ao diâmetro de giro de círculo (ou sobrelargura, conforme demonstrado na seção 6.2.2), resultando, portanto, em raio médio de giro de 5,87 m, representando a medida que atende 53% dos veículos para o universo pesquisado. Tendo em vista a necessidade de os projetos atenderem 100% da população dos veículos previstos a ocuparem os estacionamentos e a compilação dos veículos para o universo amostral desta publicação permitir diferenciar os modelos de acordo com o tamanho e/ou o valor, conclui-se pela razoabilidade de criar categorias diferenciadas de projeto conforme o padrão imobiliário, ao considerar veículos que apresentam até 12,00 m de diâmetro de giro de parede como pertencentes ao grupo dos projetos normais (PN) e, acima dessa medida, como integrantes dos projetos superiores (PS).

Ressalva-se que há pouca orientação nos códigos de obras e nas legislações edilícias municipais quanto ao entendimento da forma de apuração das larguras das faixas de acesso, condição que por vezes causa equívocos interpretativos e acaba tornando os espaços para manobra exigências usualmente não atendidas, descumprindo, assim, a necessidade de obedecer a larguras mínimas das faixas de circulação que acessam as vagas de estacionamento.

Os descumprimentos das larguras mínimas das faixas de circulação que dão acesso às vagas, situação não raramente observada em empreendimentos onde há a necessidade de acomodar muitas vagas em pouca área de estacionamento, além de causarem desconforto aos usuários, podem inviabilizar o próprio usufruto das vagas e/ou favorecer a ocorrência de pequenos acidentes pelas dificuldades de manobra, especialmente se considerada a acuidade visual comprometida e/ou a capacidade motora reduzida de parte significativa dos condutores ou, ainda, a condução dos veículos por motoristas com pouca destreza na direção, condição geral que torna inequívoca a necessidade do cumprimento das medidas mínimas legais exigidas dos espaços nos estacionamentos coletivos.

Para a compreensão da importância das larguras das faixas de acesso para o uso pleno e seguro dos estacionamentos, compete destacar a correlação dessas medidas com os ângulos de acesso (Fig. 6.5), dados técnicos não fornecidos em algumas legislações edilícias municipais pesquisadas.

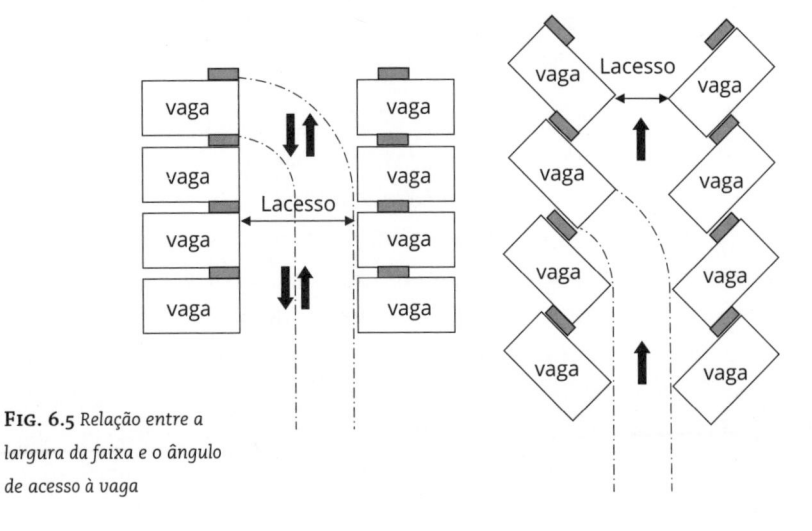

FIG. 6.5 *Relação entre a largura da faixa e o ângulo de acesso à vaga*

Este livro, em sua Tab. 2.7, apresentou o levantamento das medidas das larguras das faixas de circulação defronte às vagas de estacionamento determinadas pelos Códigos de Obras, pelas Leis de Uso e Ocupação do Solo e pelos Planos Diretores dos principais municípios brasileiros, constatando-se que os ângulos inclinados de acesso às vagas determinam as larguras inferiores das faixas de acesso comparativamente aos acessos perpendiculares (acessos a 90°). Além da correspondência técnica entre o ângulo de acesso à vaga e a largura da faixa de acesso, merece ser destacado que alguns municípios brasileiros, tais como Teresina (PI) e João Pessoa (PB), apresentam correlações das larguras das vagas com os ângulos e com as larguras das faixas de acesso, conforme demonstram a Tab. 6.5 e a Fig. 6.6.

Tab. 6.5 Interdependência entre as larguras das vagas e os ângulos e as larguras das faixas de acesso às vagas

Tipo de estacionamento		90°	60°	45°	30°	Paralelo
Largura das vagas (m)		2,45	2,30	2,30	2,30	2,20
Comprimento das vagas (m)		5,00	5,00	5,00	5,00	6,00
Largura da via[a] (m)	Sentido único	5,30	4,00	4,00	3,50	3,00
	Sentido duplo	5,80	5,40	5,40	5,40	5,40

Observações:
1 – Nas vagas paralelas, o comprimento das vagas inclui a área para manobra (baliza) e, para as demais vagas, a dimensão representa o comprimento útil da vaga.
2 – No caso de duas vagas, com uma vaga presa, o comprimento mínimo total é de 9,00 m.
3 – [a]Em algumas situações, o Corpo de Bombeiros pode indicar vias mais largas para circulação e manobra de veículos de atendimento a casos de incêndio e/ou pânico.
Fonte: Teresina (2015).

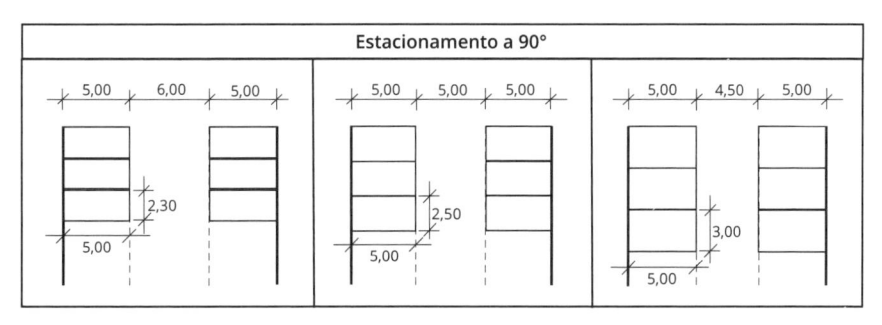

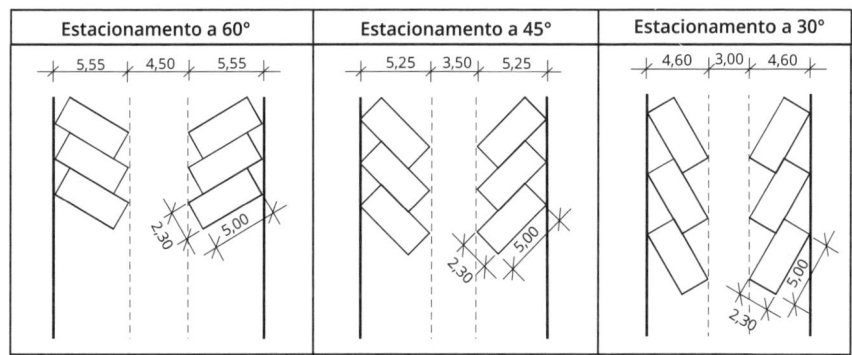

FIG. 6.6 *Estacionamento de automóveis a 90°, 60°, 45° e 30°*
Fonte: João Pessoa (2002).

sete

Proposta e critérios técnicos para criação de vagas em espaços restritos nos estacionamentos

A condição dada ao diâmetro de giro como informe de projeto essencial da indústria automobilística e característica técnica principal limitadora para viabilizar as manobras dos veículos nos interiores dos estacionamentos determinou a realização de estudo para verificação prática do diâmetro de giro (Figs. 7.1 a 7.3), visando investigar desvios em relação aos informes passíveis de serem "garimpados" desse específico dado veicular, sendo, para tanto, promovidos ensaios em veículos de tamanhos distintos, precisamente veículos Fiat Uno, Ford Focus e Mitsubishi Outlander.

Ao final desse estudo, foi possível apurar discretas diferenças entre os diâmetros de giro informados pelas montadoras (DGf) e os diâmetros de giro aferidos na prática (DGa), concluindo-se, com base no resultado mais crítico, pela necessidade da inclusão de margem mínima de tolerância de 2,8% na medida informada pelas montadoras, desvio notadamente baixo, especialmente se consideradas as imprecisões das aferições realizadas (e que certamente responderam pela maior parte das diferenças entre os informes e o estudo prático).

De toda forma, este autor entende razoável adotar 5% de desvio em favor da segurança, independentemente da constatação positiva sobre a relativa precisão e confiabilidade dos dados informados pelas montadoras.

* Fiat Uno 2017 (diferença = 1,5%)
    ◊ *Dados de fábrica*: diâmetro de giro = DGf = 9,8 m.
    ◊ *Dados aferidos*: diâmetro de giro de parede = 9,90 m, sobrelargura = 0,25 m e diâmetro de giro = DGa = 9,65 m.

* Mitsubishi Outlander 2016 (diferença = 2,8%)
    ◊ *Dados de fábrica*: diâmetro de giro = DGf = 10,60 m.
    ◊ *Dados aferidos*: diâmetro de giro de parede = 11,40 m, sobrelargura = 0,50 m e diâmetro de giro = DGa = 10,90 m.

* Ford Focus SE 1.6 2016 (diferença = 1,4%)
    ◊ *Dados de imprensa especializada (www.carrosnaweb.com.br)*: diâmetro de giro = DGf = 11,00 m.
    ◊ *Dados aferidos*: diâmetro de giro de parede = 11,40 m, sobrelargura = 0,25 m e diâmetro de giro = DGa = 11,15 m.

Tendo em vista a escassez de informes técnicos na legislação nacional envolvendo as correlações entre as larguras das vagas para estacionamento e as larguras das faixas de circulação com acesso a 90° às vagas (Fig. 7.4), foram promovidos estudos geométricos através do *software* Revit (AutoDesk/Revit Technology Corporation), parcialmente ilustrados nas Figs. 7.5 a 7.7. Esses estudos permitem apurar medidas com relativa precisão, com vistas a relacionar os incrementos nas medidas das larguras das vagas conforme são reduzidas as larguras das faixas de acesso, mantendo-se condições seguras para a realização das manobras de estacionamento, sendo, para tanto, considerados os diâmetros de giro de parede a parede dos veículos.

Em relação à geometria básica que permitiu ilustrar os espaços necessários para manobra dos veículos durante o ingresso em ângulo de 90° à vaga de estacionamento (Fig. 7.4), compete descrever que o círculo maior simula o trajeto externo veicular, cujo diâmetro obrigatoriamente deve corresponder ao diâmetro de giro de parede a parede do veículo (definido em projeto) e delimita a demarcação da vaga na lateral do passageiro (estacionando de frente), cabendo ao círculo menor delimitar a demarcação da vaga na lateral do motorista. Com essa configuração geométrica, define-se a largura da faixa de acesso à vaga como sendo a distância da faixa de demarcação de entrada da vaga ao ponto de tangenciamento do círculo maior com a parede frontal à vaga (e longitudinal ao sentido da circulação dos veículos). Conforme será fartamente demonstrado nos estudos geométricos ilustrados adiante, ao reduzir as larguras das faixas de acesso às vagas posicionadas perpendicularmente ao sentido de deslocamento, o veículo alcança a demarcação de ingresso à vaga não mais em ângulo de 90°, mas sim inclinado (Fig. 7.5). Essa inclinação exige largura maior da vaga de estacionamento, permitindo que o veículo ingresse no espaço numa única manobra e já fique posicionado estacionado ou, dependendo da demarcação de piso, realize manobras internas para ajustar-se ao interior da vaga.

FIG. 7.1 *Ensaio de diâmetro de giro: Fiat Uno/2017*

FIG. 7.2 *Ensaio de diâmetro de giro: Mitsubishi Outlander/2016*

Procurando-se demonstrar a viabilidade de os projetos de estacionamento poderem criar vagas com larguras das faixas de acesso em ângulo de 90° inferiores às mínimas legais exigidas, foram desenvolvidos diagramas com trajetos circulares para acesso em ângulo de 90° a uma vaga com largura de 2,2 m, tomando-se como largura inicial da faixa de acesso a medida de 5,5 m. O estudo, em que

FIG. 7.3 *Ensaio de diâmetro de giro: Ford Focus/2016*

são obtidas as variações das larguras de uma vaga de estacionamento a partir das diminuições graduais das larguras das faixas de acesso, permitiu a formulação da Tab. 7.1, demonstrando o viés geométrico no incremento das larguras das vagas, conforme são diminuídas as larguras das faixas de acesso, condição necessária para o usufruto das vagas.

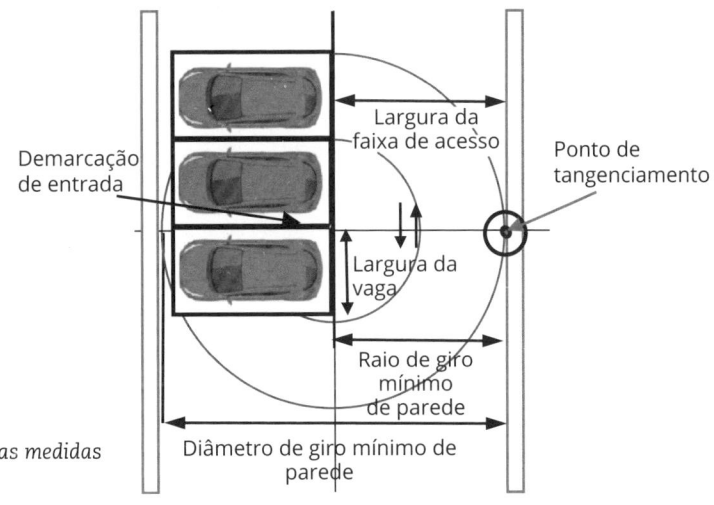

Proposta e critérios técnicos para criação de vagas em espaços restritos | 85

FIG. 7.4 *Composição das medidas da faixa de acesso*

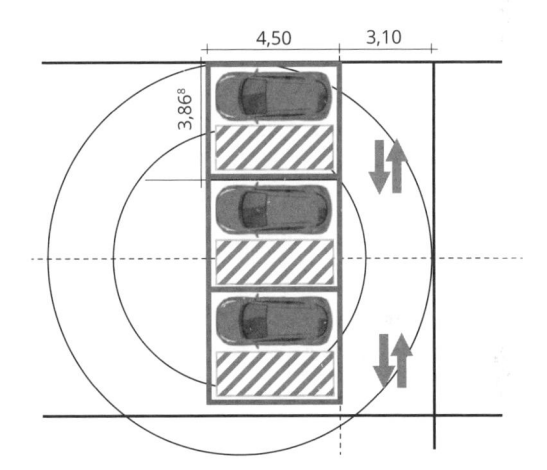

FIG. 7.5 *Demarcação das vagas com faixas de acesso contendo larguras reduzidas*

Tab. 7.1   Largura das vagas × largura das faixas de acesso (raio de giro = 5,5 m)

Largura da faixa (m)	Variação	Largura da vaga (m)	Variação	Diferença na variação
5,5	0,00%	2,2	0,00%	0,00%
5,4	1,82%	2,202	0,09%	0,00%
5,3	3,64%	2,206	0,27%	0,00%
5,2	5,45%	2,214	0,64%	0,00%
5,1	7,27%	2,224	1,09%	0,00%
5	9,09%	2,238	1,73%	0,01%
4,9	10,91%	2,255	2,50%	0,01%

Tab. 7.1 (continuação)

Largura da faixa (m)	Variação	Largura da vaga (m)	Variação	Diferença na variação
4,8	12,73%	2,275	3,41%	0,01%
4,7	14,55%	2,298	4,45%	0,01%
4,6	16,36%	2,325	5,68%	0,01%
4,5	18,18%	2,355	7,05%	0,01%
4,4	20,00%	2,389	8,59%	0,02%
4,3	21,82%	2,426	10,27%	0,02%
4,2	23,64%	2,467	12,14%	0,02%
4,1	25,45%	2,512	14,18%	0,02%
4	27,27%	2,561	16,41%	0,02%
3,9	29,09%	2,614	18,82%	0,02%
3,8	30,91%	2,672	21,45%	0,03%
3,7	32,73%	2,734	24,27%	0,03%
3,6	34,55%	2,802	27,36%	0,03%
3,5	36,36%	2,875	30,68%	0,03%
3,4	38,18%	2,954	34,27%	0,04%
3,3	40,00%	3,04	38,18%	0,04%
3,2	41,82%	3,134	42,45%	0,04%
3,1	43,64%	3,235	47,05%	0,05%
3	45,45%	3,346	52,09%	0,05%
2,9	47,27%	3,468	57,64%	0,06%
2,8	49,09%	3,603	63,77%	0,06%

O presente estudo, ilustrado pela Fig. 7.6, permite concluir que estreitas faixas em lotes edificáveis podem ser ocupadas por vagas de estacionamento a 90°, mesmo que não seja possível atender a largura mínima da faixa de acesso e desde que as larguras das vagas possam ser aumentadas.

A Fig. 7.6 demonstra a possibilidade de redução superior a 50% na largura da faixa mínima projetada de acesso às vagas de estacionamento a 90°, contanto que a largura da vaga seja consideravelmente aumentada. No caso ilustrado, para poder reduzir a largura da faixa de acesso de 5,50 m para 2,60 m, a largura da vaga de estacionamento foi acrescida em quase 80%, alcançando 3,92 m contra 2,20 m de largura mínima projetada. Com a largura aumentada, o ingresso à vaga dá-se em ângulo e a manobra, para a correta parada do veículo paralela à faixa demarcatória, ocorrerá no interior da vaga.

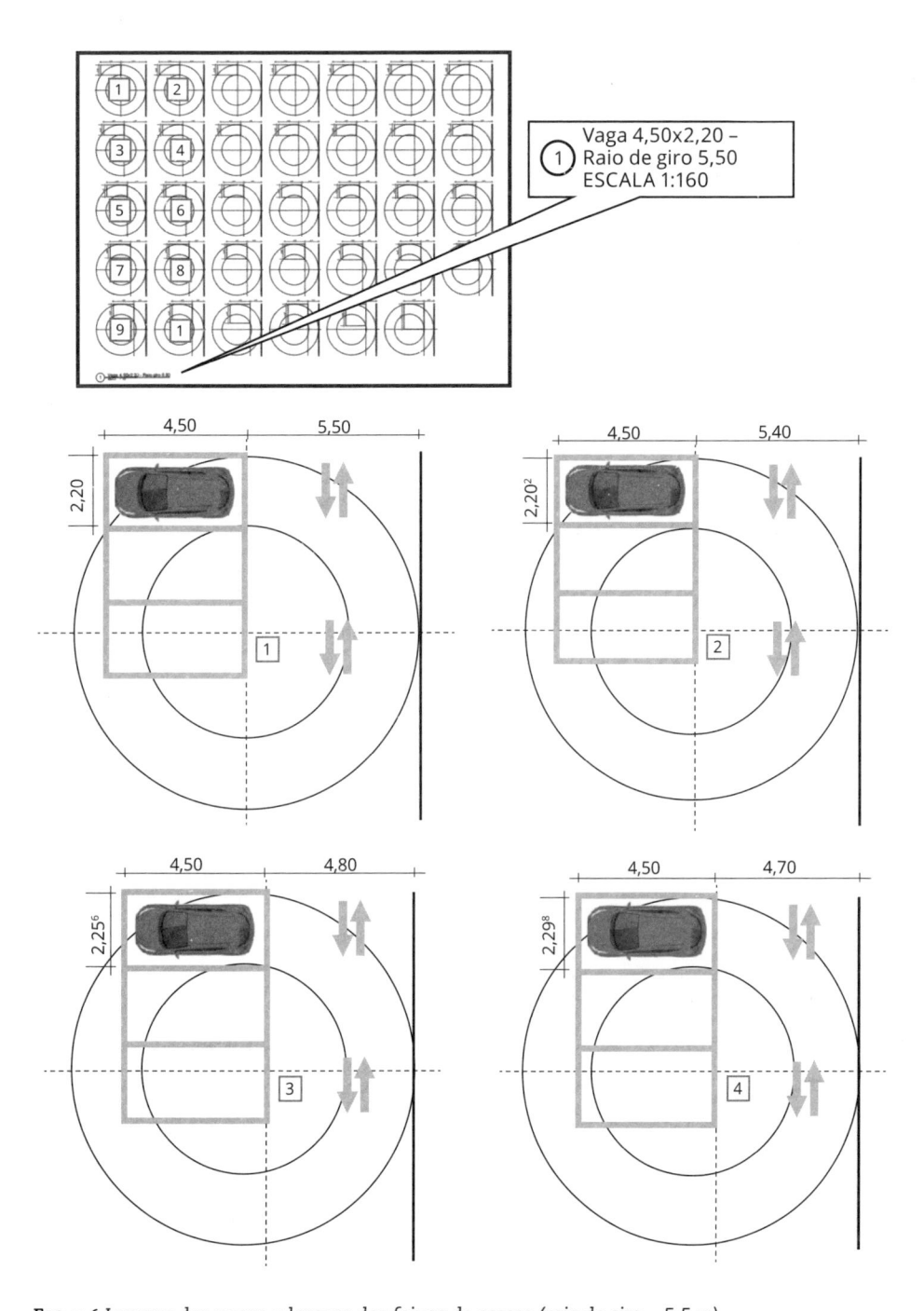

Proposta e critérios técnicos para criação de vagas em espaços restritos | 87

Vaga 4,50x2,20 –
① Raio de giro 5,50
ESCALA 1:160

FIG. 7.6 *Largura das vagas × largura das faixas de acesso (raio de giro = 5,5 m)*

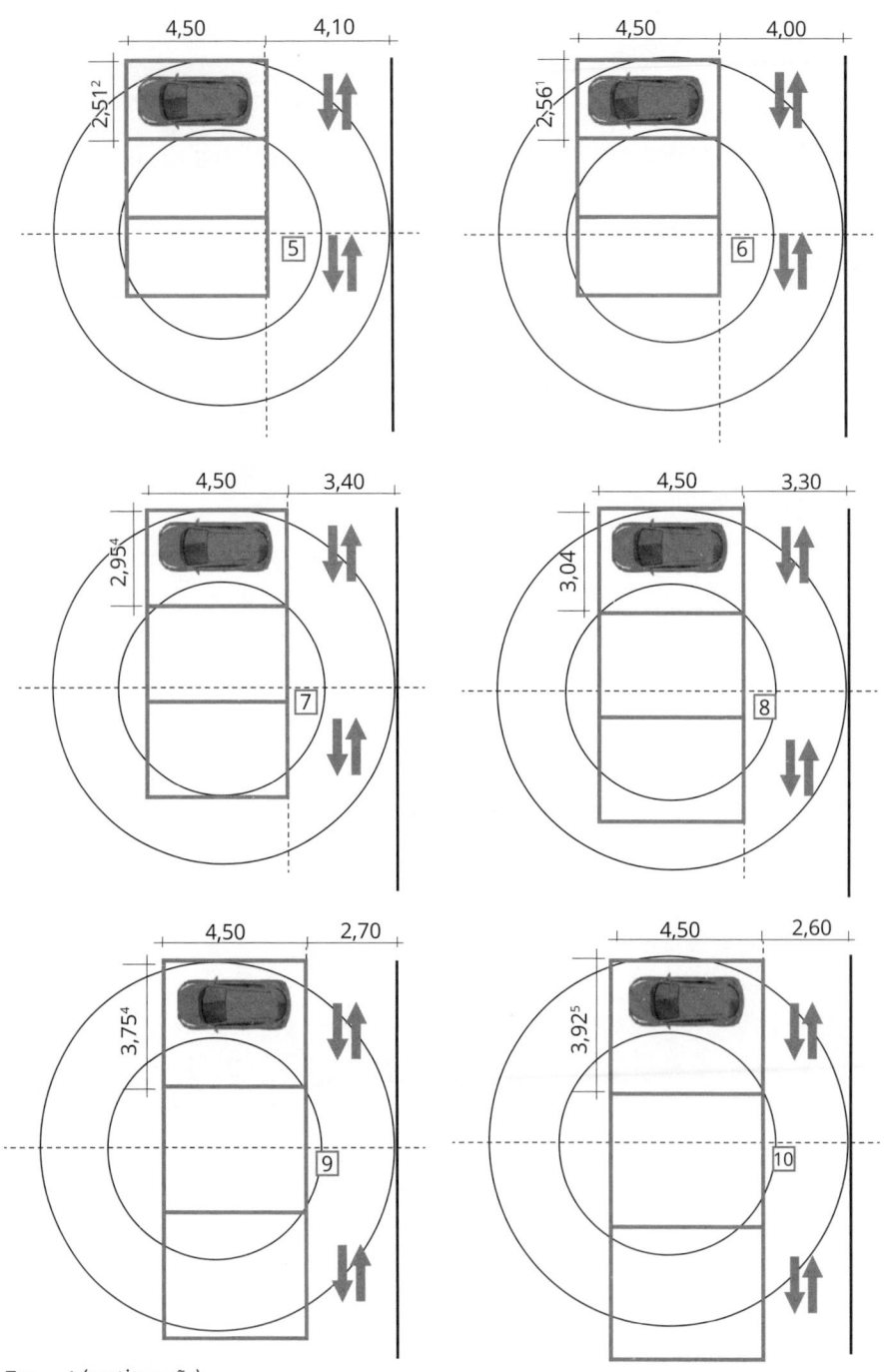

88 | Estacionamentos: diretrizes de projeto e perícias

FIG. 7.6 (continuação)

A conjectura técnica explanada serve de lastro para que vagas a 90° sejam projetadas em estreitas faixas dos lotes edificáveis com até 7,5 m de largura, quando as atuais exigências técnicas dos municípios brasileiros exigem, em média, o mínimo de 9,5 m de largura, condição benéfica para a maioria dos estacionamentos habitacionais coletivos, tendo em vista o usual sentido duplo de circulação (Fig. 7.7).

Vale atentar que, quando houver a necessidade da redução da largura da faixa de acesso, com o consequente incremento na largura da vaga, a realização de manobra ainda no interior da vaga para ajuste do veículo estacionado em paralelo à faixa lateral demarcatória de piso, poderá levar ao raciocínio de preterir a demarcação da vaga a 90° pela vaga oblíqua, já que neste último caso o ingresso e a parada do veículo ocorrem sem a necessidade de manobra.

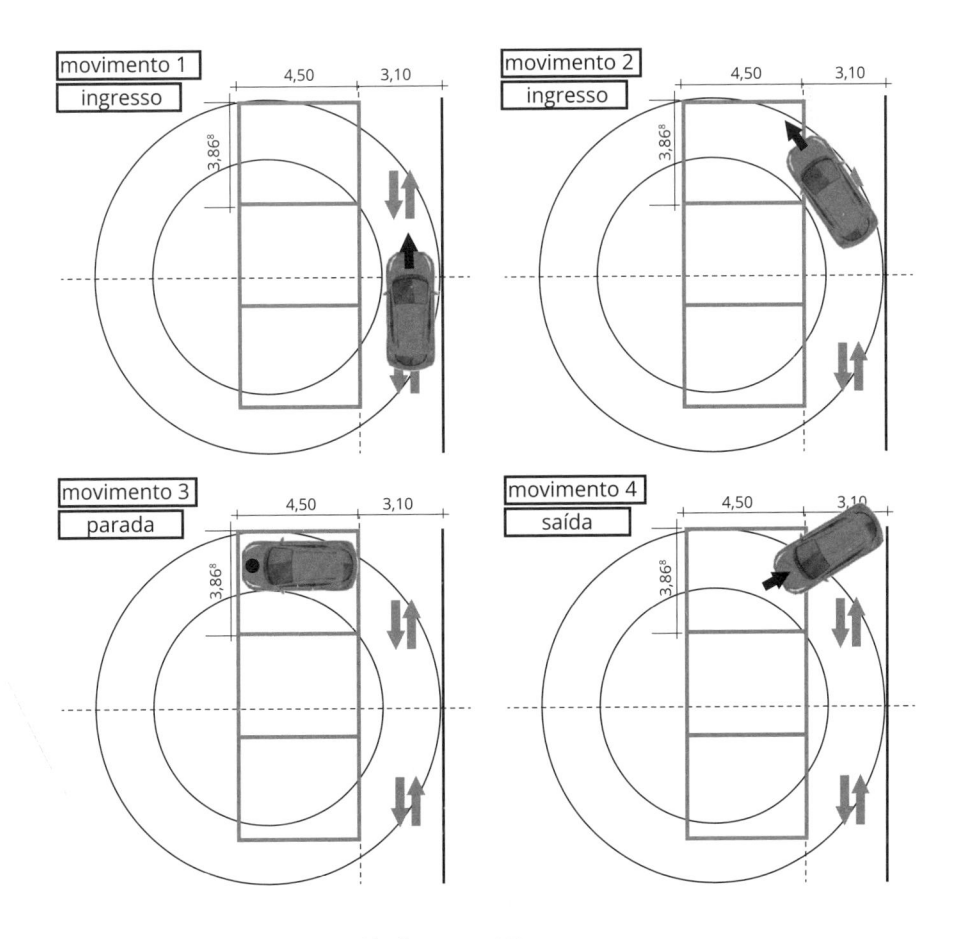

FIG. 7.7 *Movimento de ingresso e saída da vaga a 90°*

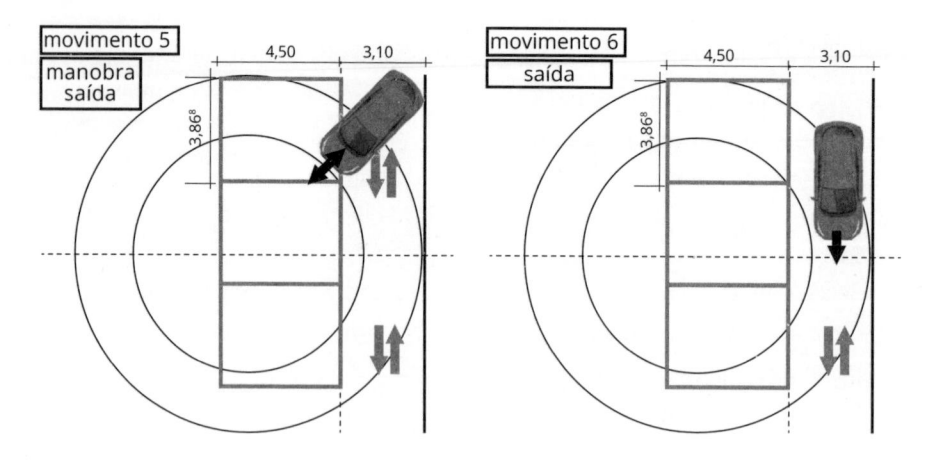

Fig. 7.7 *(continuação)*

Tal entendimento, sobre preferir vagas com acesso a 45°, embora legítimo, somente pode ser aplicado quando a circulação no estacionamento se dá em um único sentido de circulação (tal qual os estacionamentos dos *shopping centers*), já que a restrita largura de acesso à vaga oblíqua impossibilita a manobra do veículo para inversão do sentido de circulação, conforme demonstra a Fig. 7.8.

Equiparando as vagas com acesso a 90° e 45°, compete destacar o benefício na demarcação das vagas a 45° quando são exigidas estreitas faixas de acesso, conforme exemplificado na Fig. 7.9, e desde que não haja a obrigatoriedade do duplo sentido de circulação, tendo em vista o estudo comparativo entre as implantações das vagas ter demonstrado a redução em cerca de 25% da capacidade de demarcação do número de vagas perpendiculares (90°) em relação às oblíquas (45°) para a mesma área de ocupação.

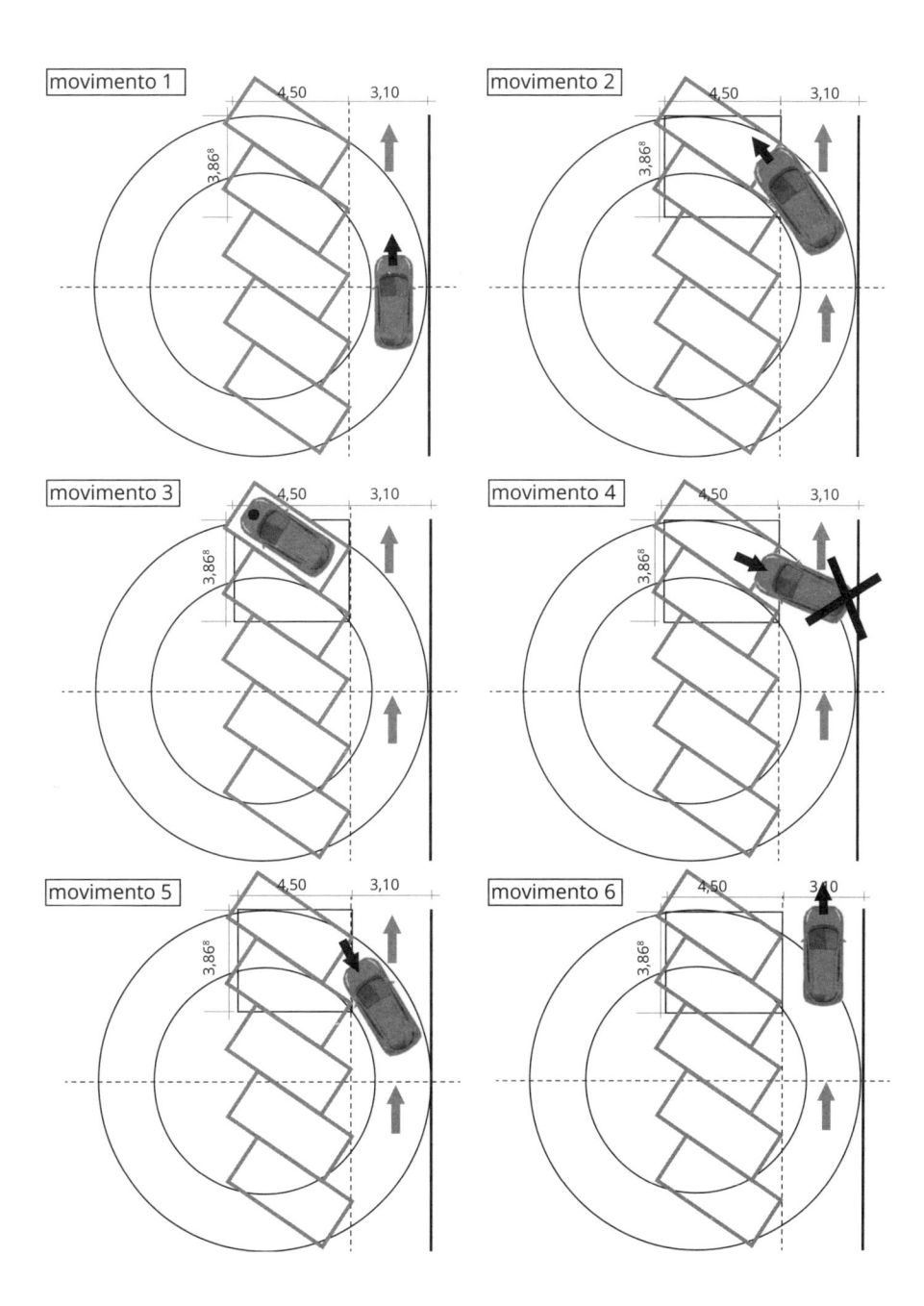

FIG. 7.8 *Movimento de ingresso e saída da vaga oblíqua*

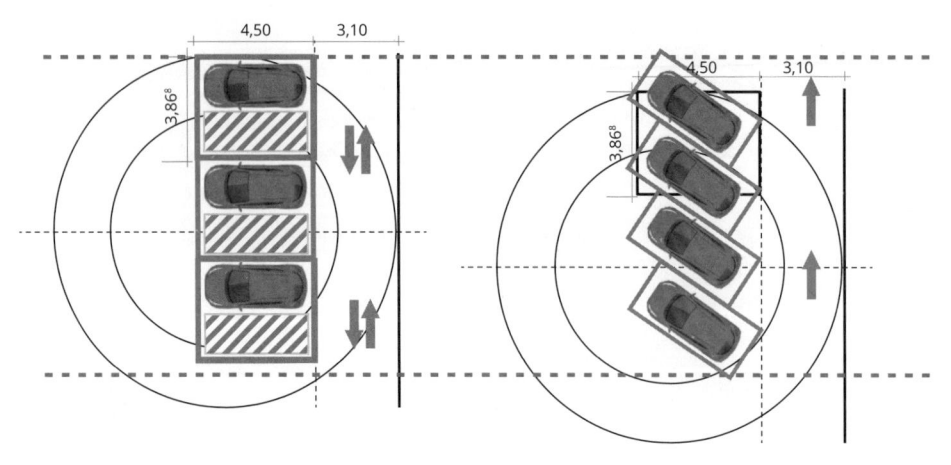

FIG. 7.9 Comparativo entre vagas a 90° e vagas oblíquas

oito

Diretrizes de projeto para espaços de estacionamento

Com base na bibliografia apurada, em especial a legislação envolvendo circulação de veículos automotores, os estudos estrangeiros e as normas e as instruções técnicas edilícias, assim como os dados veiculares obtidos das montadoras, e até mesmo os ensaios práticos realizados para a obtenção dos diâmetros de giro, foram elaboradas as diretrizes unificadas com lastro técnico capaz de atender os projetos de estacionamentos habitacionais. Essas diretrizes seguem padrões nacionais e internacionais, conforme idealizado e explanado no início desta publicação, incluindo os estudos desenvolvidos decorrentes da experiência profissional em auditoria técnica de pavimentos destinados como garagens em projetos arquitetônicos de edifícios residenciais e comerciais.

Embora este livro tenha sido idealizado para a formulação de diretrizes de projeto para espaços de estacionamentos coletivos, embasado em dados veiculares, legislação vigente e estudos geométricos, cabe considerar que o usufruto dos estacionamentos coletivos, especialmente de uso privativo, possui relação direta com o poder aquisitivo dos usuários e, por consequência, no atual estado da arte da indústria automobilística globalizada, exige que edificações de elevado padrão contenham vagas de estacionamento que possam abrigar veículos sedãs e vans de luxo com elevadas dimensões, além de picapes urbanas. Tal condição sugere que as diretrizes técnicas apresentem classificações diferenciadas para os projetos, atendendo, assim, o público-alvo das edificações coletivas privativas, evitando inclusive a constante judicialização das relações comerciais entre os produtores (incorporadores/construtores) e os consumidores (proprietários de unidades habitacionais).

Visando a criação de classificações de projeto, vale destacar que a Tab. 5.2 apresentou as variações das dimensões dos veículos em relação às médias aritméticas do universo pesquisado, tendo sido possível constatar que os comprimentos dos veículos demonstraram as maiores variações unitárias, seguidos dos diâmetros mínimos de giro, assim como as variações das larguras e das alturas dos veículos demonstraram-se pouco representativas. Ou seja, as classificações de projeto serão necessariamente determinadas em função dos comprimentos dos veículos, cabendo destacar a constatação de que todas as picapes tabuladas apresentaram a medida do comprimento superior a 5 m, da mesma forma que a maioria dos veículos sedãs, esportivos e vans considerados de alto luxo (ou "*top* de linha"), situação favorável a servir de parâmetro limítrofe para as formulações de duas classificações de projeto, com vagas abrigando veículos com comprimento igual ou superior a 5,0 m, neste livro denominado de *projeto superior*, ou com vagas abaixo desse comprimento, nomeado de *projeto normal*.

Dessa forma, as diretrizes de projeto para estacionamento devem estabelecer espaços mínimos em atendimento às opções de projeto superior e projeto normal, para as seguintes dimensões:

* comprimento das vagas;
* largura das vagas;
* altura útil das vagas e das faixas de circulação (pé-direito do pavimento de implantação);
* larguras das faixas de circulação;
* largura da faixa de circulação de acesso à vaga;
* largura da faixa de circulação em curva;
* rampa admissível (inclinação máxima);
* área de manobra.

As diretrizes de projeto devem incluir condições de segurança para a circulação e a evacuação dos pedestres, de acesso seguro para alcançar os equipamentos de combate a incêndio e para a prática dos serviços de manutenção das instalações prediais, conforme:

* faixa protegida (circulação e acesso dos pedestres);
* área protegida (resguardo para acesso aos equipamentos de combate a incêndio);

* área técnica (resguardo para acesso aos compartimentos técnicos e às instalações prediais).

8.1 Comprimento das vagas

Da Tab. 5.2, obteve-se o comprimento médio ajustado dos veículos de 4,53 m e o máximo comprimento de 5,46 m, para o universo pesquisado de 68 veículos de todos os padrões e tamanhos, incluindo veículos de dois lugares, cupês, sedãs, sedãs de luxo, esportivos, vans e caminhonetes, escolhidos entre 20 montadoras de veículos.

Considerando-se o parâmetro limítrofe de 5,0 m relativo aos comprimentos dos veículos entre as formulações das classificações de projeto normal (PN) e projeto superior (PS), decorrente das constatações das medidas de comprimento das picapes e da maioria dos veículos "*top* de linha" superiores a 5,0 m, cabe determinar os comprimentos das vagas de estacionamento conforme ilustrado na Fig. 8.2 e a seguir explicitado:

* projeto normal (PN) → comprimento máximo do veículo = 5,0 m;
* projeto superior (PS) → comprimento máximo do veículo = 5,5 m.

8.2 Largura das vagas

A apuração da largura necessária para atender a frota globalizada que circula no País contou com dados suplementares aos das Tabs. 5.1 e 5.2, tendo em vista a necessidade das inclusões das larguras adicionais agregadas aos veículos decorrente dos espelhos retrovisores, condição omitida por grande parte das especificações técnicas acessíveis ao consumidor através dos sites das montadoras.

Dessa forma, e objetivando que os projetos permitam o usufruto das vagas de estacionamento pela maioria dos veículos da frota nacional, foi necessária a promoção de estudo adicional capaz de apurar o acréscimo médio na largura "rasa" do veículo (quando os espelhos retrovisores de ambos os lados estão recolhidos/fechados), simulando-se, assim, a largura "plena" do veículo (quando os espelhos retrovisores de ambos os lados estão abertos). Desse estudo, obteve-se o expressivo resultado de 13% de incremento médio na largura do veículo se considerados os espelhos retrovisores, para o universo amostral de 40 veículos entre as 20 montadoras pesquisadas (e que apresentaram as larguras com os espelhos retrovisores – Tab. 8.1). O resultado apurado do incremento médio de 13% permitiu simular as larguras "plenas" dos outros 28 veículos que compuseram o universo amostral total de 68 veículos considerados no presente estudo (escolhidos procurando-se equilíbrio entre tamanhos).

Tab. 8.1   Acréscimo na largura do veículo considerando espelho retrovisor

	Montadora	Modelo	Largura sem espelho (mm)	Largura com espelho (mm)	Diferença
1	Porsche	Panamera Turbo S E-Hybrid Executive	1.937	1.937	-
2	Land Rover	Novo Range Rover Evoque 2019	1.996	2.100	5,21%
3	Land Rover	Discovery Sport/2019	2.073	2.220	7,09%
4	Fiat	Strada Adventure/2018	1.740	1.877	7,87%
5	Jaguar	XJ	1.950	2.105	7,95%
6	Ford	Focus/2017	1.858	2.010	8,18%
7	GM	Camaro/2020	1.897	2.063	8,75%
8	Volkswagen	Amarok/2019	2.034	2.228	9,54%
9	Fiat	Toro 1.8/2018	1.844	2.033	10,25%
10	Renault	Kwid/2019	1.579	1.758	11,34%
11	Jeep	Compass 2.0 16V AT6/2018	1.819	2.033	11,76%
12	Audi	Audi A7	1.911	2.139	11,93%
13	Jeep	Renegade Sport 1.8/2018	1.805	2.023	12,08%
14	Volkswagen	Polo/2019	1.751	1.964	12,16%
15	Volkswagen	Virtus/2019	1.751	1.964	12,16%
16	Volkswagen	Passat/2018	1.832	2.062	12,55%
17	GM	Spin/2018	1.735	1.953	12,56%
18	Volkswagen	Golf/2018	1.799	2.027	12,67%
19	Kia	Picanto 1.0 L Aut	1.595	1.802	12,98%
20	GM	Cruze Sedan/2018	1.807	2.042	13,00%
21	Volkswagen	Jetta/2018	1.778	2.020	13,61%
22	Fiat	Cronos 1.3/2018	1.726	1.962	13,67%
23	GM	S10	1.874	2.132	13,77%
24	Fiat	Argo/2019	1.724	1.962	13,81%
25	Volkswagen	Touareg/2017	1.940	2.208	13,81%
26	Volkswagen	Tiguan/2016	1.839	2.099	14,14%
27	GM	Equinox/2018	1.843	2.105	14,22%
28	Volkswagen	Gol/2019	1.656	1.893	14,31%
29	GM	Tracker/2018	1.776	2.038	14,75%

Tab. 8.1 (continuação)

	Montadora	Modelo	Largura sem espelho (mm)	Largura com espelho (mm)	Diferença
30	GM	Onix/2018	1.705	1.964	15,19%
31	GM	Prisma/2018	1.705	1.964	15,19%
32	Citroën	C4 Cactus/2019	1.714	1.979	15,46%
33	GM	Cobalt/2019	1.735	2.005	15,56%
34	Fiat	Uno Attractive/2018	1.636	1.899	16,08%
35	Volkswagen	Novo UP MPI MQ200/2019	1.645	1.910	16,11%
36	Ford	Ranger/2019	1.860	2.163	16,29%
37	Fiat	Palio Weekend/2018	1.639	1.906	16,29%
38	Fiat	Mobi Easy/2018	1.633	1.928	18,06%
39	Nissan	Frontier/19	1.900	2.111	11,11%
40	Renault	Fluence	1.800	2.037	13,17%
		Média (39 veículos/ 12 montadoras)	1.789,30	2.014,59	
		Diferença	12,59%		
		Média ajustada (35 veículos/11 montadoras)	1.783,73	2.011,70	
		Diferença ajustada	12,78%		

Embora a Tab. 8.2 tenha obtido como medida média de largura o valor de aproximadamente 2,00 m, incluindo toda a gama de tamanhos de veículos capazes de usufruírem das vagas a serem projetadas, cabe replicar o raciocínio empregado na determinação dos comprimentos veiculares, ou seja, criar larguras que possam abrigar a maior quantidade de veículos, criando opções distintas de acordo com o padrão imobiliário.

Dessa forma, este autor, numa leitura simples da tabela, entende razoável considerar a largura mínima de 2,10 m, assegurando o estacionamento da maior parte dos veículos que ocupam as vagas dos estacionamentos habitacionais, assim como considerar a largura mínima de 2,30 m, possibilitando o usufruto das vagas por veículos maiores, em especial as picapes e alguns considerados "top de linha", respeitando-se as exigências de ingresso tanto dos veículos às vagas como dos usuários aos veículos, conforme demonstrado nas exposições técnicas a seguir e ilustrado na Fig. 8.2:

* PN → largura máxima do veículo (considerando espelho) = 2,10 m;
* PS → largura máxima do veículo (considerando espelho) = 2,30 m.

Tab. 8.2   Larguras dos veículos considerando simulação de espelho

	Montadora	Modelo	Largura sem espelho (mm)	Largura com espelho (mm)
1	Renault	Kwid/2019	1.579	1.758
2	Kia	Picanto 1.0 L Aut	1.595	1.802
3	Suzuki	Jimny Sierra	1.645	1.854
4	Smart	Smart For Two/2018	1.663	1.875
5	Smart	Smart For Two/2018	1.665	1.877
6	Fiat	Strada Adventure/2018	1.740	1.877
7	Volkswagen	Gol/2019	1.656	1.893
8	Fiat	Uno Attractive/2018	1.636	1.899
9	Fiat	Palio Weekend/2018	1.639	1.906
10	Honda	Fit LX/2019	1.694	1.910
11	Volkswagen	Novo UP MPI MQ200/2019	1.645	1.910
12	Fiat	Mobi Easy/2018	1.633	1.928
13	Porsche	Panamera Turbo S E-Hybrid Executive	1.937	1.937
14	GM	Spin/2018	1.735	1.953
15	Fiat	Argo/2019	1.724	1.962
16	Fiat	Cronos 1.3/2018	1.726	1.962
17	GM	Onix/2018	1.705	1.964
18	GM	Prisma/2018	1.705	1.964
19	Volkswagen	Polo/2019	1.751	1.964
20	Volkswagen	Virtus/2019	1.751	1.964
21	Citroën	C4 Cactus/2019	1.714	1.979
22	Mitsubishi	Lancer 2.0/2018	1.765	1.990
23	GM	Cobalt/2019	1.735	2.005
24	Mitsubishi	ASX Flex/2018	1.780	2.007
25	Kia	Cerato Flex	1.780	2.007
26	Ford	Focus/2017	1.858	2.010
27	Suzuki	S-Cross/2018	1.785	2.012
28	Mitsubishi	L200 Triton	1.785	2.012
29	Citroën	C4 Lounge/2019	1.789	2.017
30	Volkswagen	Jetta/2018	1.778	2.020

Tab. 8.2   (continuação)

	Montadora	Modelo	Largura sem espelho (mm)	Largura com espelho (mm)
31	Jeep	Renegade Sport 1.8/2018	1.805	2.023
32	Volkswagen	Golf/2018	1.799	2.027
33	Honda	Civic EX/2019	1.799	2.028
34	Kia	Soul 1.6 L AUT	1.800	2.029
35	Jeep	Compass 2.0 16V AT6/2018	1.819	2.033
36	Fiat	Toro 1.8/2018	1.844	2.033
37	Mitsubishi	Eclipse Cross/2018	1.805	2.035
38	Renault	Fluence	1.800	2.037
39	GM	Tracker/2018	1.776	2.038
40	Mitsubishi	Outlander 2.0/2018	1.810	2.040
41	GM	Cruze Sedan/2018	1.807	2.042
42	Renault	Captur/2019	1.813	2.044
43	Lexus	ES350/2018	1.820	2.052
44	Volkswagen	Passat/2018	1.832	2.062
45	GM	Camaro/2020	1.897	2.063
46	Toyota	Camry/2019	1.840	2.074
47	Lexus	NX300/2017	1.845	2.080
48	Mercedes	Mercedes Classe E Limousine	1.852	2.088
49	Honda	CRV/2019	1.855	2.091
50	Toyota	RAV4/2019	1.855	2.091
51	Toyota	Hilux Cab Dupla/2019	1.855	2.091
52	Volkswagen	Tiguan/2016	1.839	2.099
53	Honda	Accord/2019	1.862	2.099
54	Land Rover	Novo Range Rover Evoque 2019	1.996	2.100
55	GM	Equinox/2018	1.843	2.105
56	Jaguar	XJ	1.950	2.105
57	Nissan	Frontier/19	1.900	2.111
58	Mitsubishi	Pajero Full 3P/2018	1.875	2.114
59	Mitsubishi	Pajero Full 5P/2018	1.875	2.114
60	GM	S10	1.874	2.132
61	Audi	Audi A7	1.911	2.139
62	Mercedes	Classe S Limousine/2019	1.899	2.141

Tab. 8.2   (continuação)

	Montadora	Modelo	Largura sem espelho (mm)	Largura com espelho (mm)
63	Mercedes	Limousine Maybach/2019	1.899	2.141
64	Lexus	LS 500H/2019	1.900	2.142
65	Ford	Ranger/2019	1.860	2.163
66	Volkswagen	Touareg/2017	1.940	2.208
67	Land Rover	Discovery Sport/2019	2.073	2.220
68	Volkswagen	Amarok/2019	2.034	2.228
		Média (68 veículos/20 montadoras)	1.800,75	2.024,67
		Média ajustada (60 veículos/20 montadoras)	1.801,03	2.026,16

8.2.1 Ingresso dos veículos nas vagas

Para que o veículo ingresse na vaga, sem recolher/retrair os espelhos, há a necessidade da existência de folga de ambos os lados, entendida por este autor como uma distância de no mínimo 10 cm de ambos os espelhos com as respectivas laterais das vagas.

8.2.2 Ingresso dos ocupantes nos veículos (pelas duas laterais)

Para a determinação do espaço mínimo necessário para o ingresso do ocupante no veículo (aproximadamente meia abertura de porta), a experiência prática deste autor entende como mínima dimensão, entre a porta e o obstáculo lateral, uma distância não inferior a 50 cm, cabendo considerar inclusa nessa medida o comprimento do espelho, calculado na média como a meia parte da diferença entre as larguras médias ajustadas dos veículos com e sem espelho retrovisor, apuradas na Tab. 8.2 em 112,57 mm ou 11,5 cm, condição que determina, a cada lateral do veículo, incluir 38,5 cm entre os espelhos laterais e os obstáculos confinantes das vagas.

* comprimento médio ajustado dos espelhos = (2.026,16 – 1.801,03)/2 = 225,13/2 = 112,57 ≅ 11,5 cm;
* espaço médio mínimo ajustado entre espelhos e obstáculos laterais = (50 cm – 11,5 cm) = 38,5 cm.

8.2.3 Obstáculo lateral

Não são considerados obstáculos laterais anteparos que estejam posicionados lateralmente à vaga, ocupando faixa inferior a 70 cm contados a partir das faixas demarcatórias frontal e posterior das vagas (detalhe da Fig. 8.2), configuração física que permite a livre abertura das portas. Cabe explanar que a medida informada de 70 cm se demonstrou razoável quando da apuração das medidas aproximadas entre os para-choques e as portas dos veículos menores que circulam nas ruas do País, conforme demonstra a Fig. 8.1.

Fonte: SITE FIAT (2020)
FIAT UNO

Dimensões (em mm)

Versão	A	B	C	D
Easy	721	2305	540	3566
Like	721	2305	540	3566

Fonte: SITE FIAT
FIAT MOBI

Dimensões (em mm)

A	B	C	D
805,0	2376,0	639,4	3820,4
804,7 Sporting		639,3 Sporting	3820,0 Sporting

Fonte: SITE RENAULT
RENAULT KWID

2423
3680

Fonte: SITE MINI
MINI COOPER

749 (757) 2495 577 (598)
3821 (3850)

Fonte: SITE FORD
FORD KA

Fonte: SITE VOLKSWAGEN (2020)
VOLKSWAGEN UP

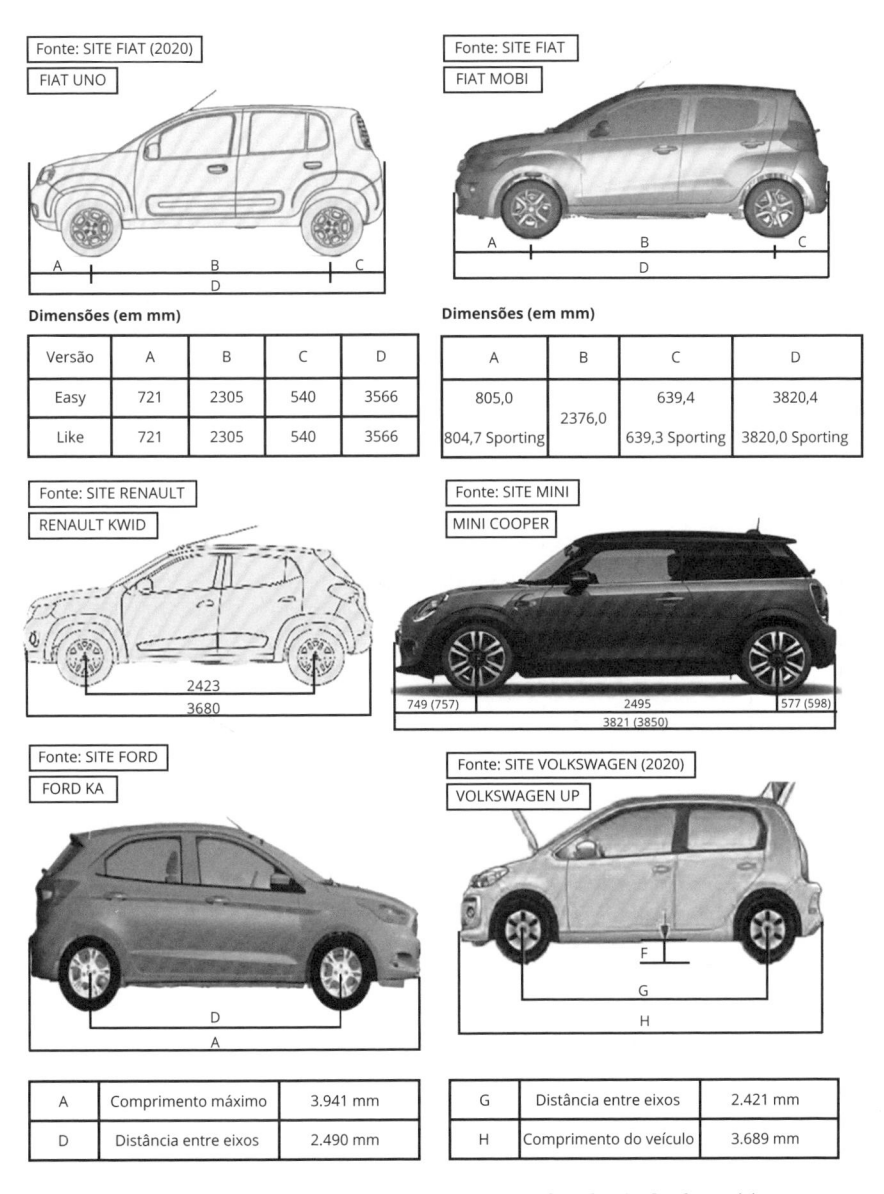

A	Comprimento máximo	3.941 mm
D	Distância entre eixos	2.490 mm

G	Distância entre eixos	2.421 mm
H	Comprimento do veículo	3.689 mm

FIG. 8.1 *Medidas entre para-choques e portas (determinação dos obstáculos laterais)*
Fonte: *sites de Fiat, Renault, Mini, Ford e Volkswagen.*

8.2.4 Largura mínima da vaga de estacionamento confinada entre obstáculos

O raciocínio técnico desenvolvido, embasado em dados reais (obtidos das montadoras) e dados empíricos (folga entre espelhos retrovisores/obstáculos laterais e espaço mínimo para ingresso dos ocupantes no veículo), permite, tal qual ilustrado na Fig. 8.2, fixar como larguras mínimas das vagas de estacionamento:

* PN → largura da vaga confinada = 2,10 + (0,385 × 2) = 2,87 m ≅ 2,90 m;
* PS → largura da vaga confinada = 2,30 + (0,385 × 2) = 3,07 m ≅ 3,10 m.

8.2.5 Compartilhamento de espaços de estacionamento entre vagas paralelas justapostas

Para vagas que possuem uma das laterais vizinha a outra vaga paralela adjacente, pode-se reduzir a largura total da vaga em até 19,25 cm, equivalentes a meia distância entre o espelho e o obstáculo lateral, ou seja, aproveitando-se o espaço livre da vaga vizinha, assim como, para as vagas intercaladas entre vagas, pode-se reduzir até 28,5 cm na largura total, ou seja, aproveitando-se os espaços livres das vagas vizinhas, conforme ilustrado na Fig. 8.2 e a seguir demonstrado:

* PN → largura da vaga com uma lateral // à outra vaga = 2,10 + (0,385 + 0,385/2) = 2,68 m ≅ 2,70 m;
* PS → largura da vaga com uma lateral // à outra vaga = 2,30 + (0,385 + 0,385/2) = 2,88 m ≅ 2,90 m;
* PN → largura da vaga intercalada entre vagas = 2,10 + (0,385/2 + 0,385/2) = 2,49 m ≅ 2,50 m;
* PS → largura da vaga intercalada entre vagas = 2,30 + (0,385/2 + 0,385/2) = 2,69 m ≅ 2,70 m.

8.2.6 Vagas demarcadas justapostas longitudinalmente às paredes de fundo das faixas de acesso

As vagas demarcadas lateralmente às paredes de fundo das faixas de acesso deverão estar implantadas mantendo-se uma faixa divisória mínima entre a lateral da vaga e a parede, tal qual ilustrado na Fig. 8.2, correspondente à sobrelargura criada pelo veículo no movimento curvo de acesso à vaga (conforme a Tab. 6.4), subtraída do espaço mínimo exigido de 0,385 m (já considerado nas larguras das vagas de projeto) referente à distância entre o espelho retrovisor e o obstáculo lateral confinante.

* PN → faixa divisória entre a lateral da vaga longitudinal e a parede de fundo = 0,650 – 0,385 = 0,265 ≅ 0,30 m;

Diretrizes de projeto para espaços de estacionamento | 103

* PS → faixa divisória entre a lateral da vaga longitudinal e a parede de fundo
  = 0,900 − 0,385 = 0,515 = 0,60 m.

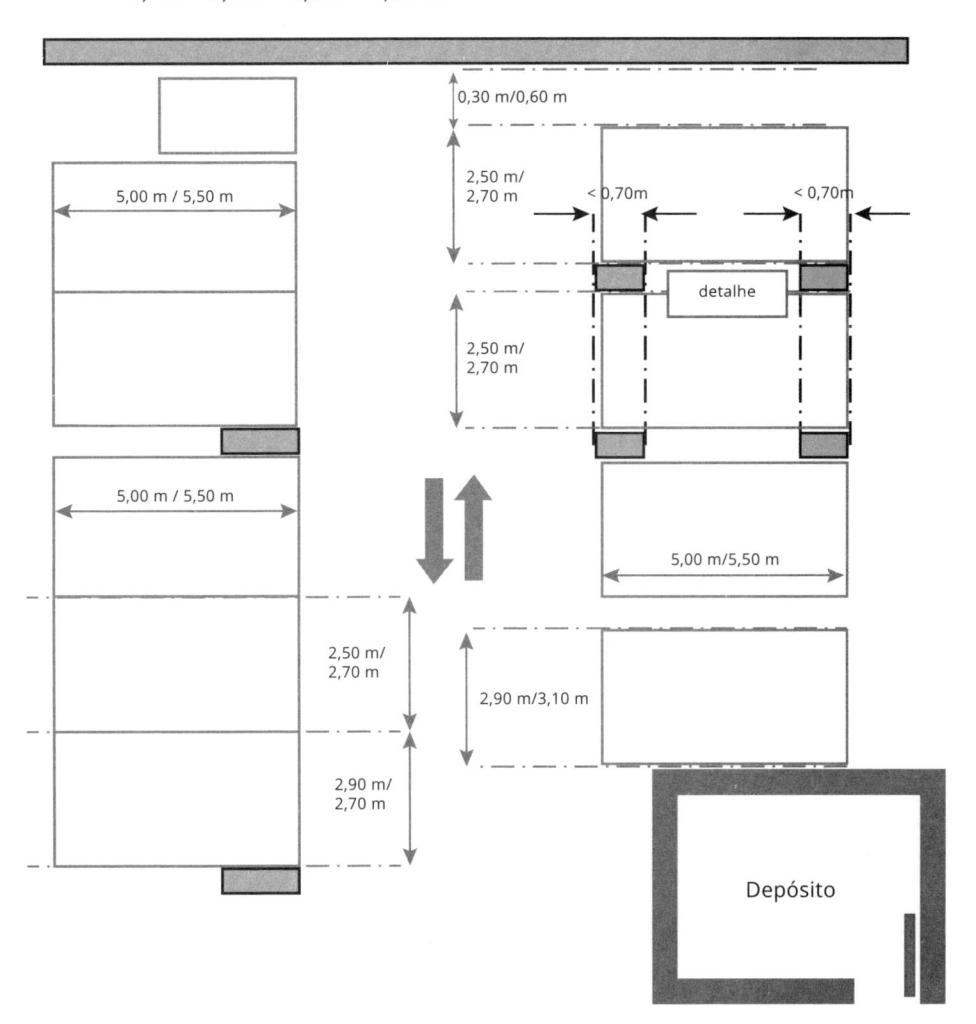

FIG. 8.2 *Larguras e comprimentos das vagas.*

8.2.7 Vagas demarcadas longitudinalmente às faixas de circulação

As vagas demarcadas longitudinalmente (ou paralelamente) às faixas de circulação (Fig. 8.3), posicionadas sequencialmente ou não, acessadas por balizamento ou ingresso direto sem a necessidade da movimentação de um terceiro veículo, deverão estar distantes (a contar dos espelhos) 30 cm ou 60 cm dos obstáculos laterais, considerando as medidas das vagas confinadas atendendo os projetos normal ou superior. Esse procedimento garante o ingresso e a saída dos usuários em segurança em decorrência do tráfego justaposto dos veículos, além de o acréscimo no comprimento possibilitar espaço mínimo de balizamento do veículo para usufruto da vaga, condição esta percebida como adotada na grande maioria das legislações municipais e dos regramentos estrangeiros, apurada com acréscimos entre 50 cm e 150 cm no comprimento, possibilitando a adoção do acréscimo médio de 100 cm nesta publicação.

Já em relação à largura, pode-se adotar a redução de até 38,5 cm, decorrente da ausência de obstáculo em uma das laterais, condicionada à instalação de comunicações visuais de alerta a respeito da abertura das portas sobre a faixa de circulação dos veículos.

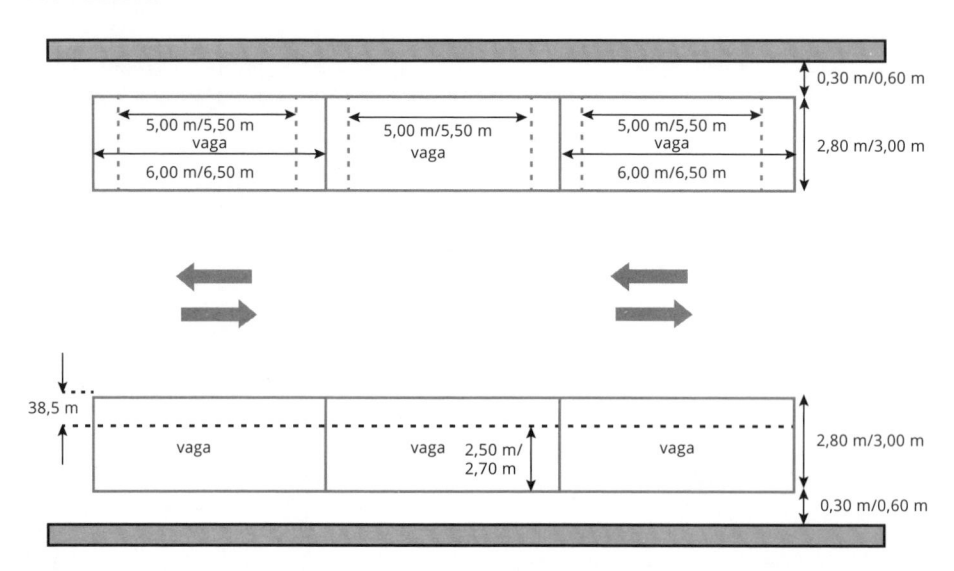

FIG. 8.3 *Comprimento estendido e locação das vagas longitudinais à faixa de circulação*

8.2.8 Vagas sequenciais

As denominadas vagas sequenciais, também conhecidas como *vagas presas* ou *tipo gaveta*, são aquelas demarcadas em sequência (Fig. 8.4) com acesso a 90° ou mesmo oblíquo, sendo usualmente admitida, nas legislações que permitem essa disposição de vagas, a movimentação de até dois veículos para o deslocamento de um terceiro veículo. Tendo em vista a dificuldade do estacionamento dos veículos no centro da vaga, especialmente nos veículos desprovidos de câmeras ou sensores de estacionamento, recomenda-se que os comprimentos das vagas sequenciais presas sejam acrescidos em minimamente 0,5 m em favor da segurança contra pequenos impactos entre os veículos.

Compete advertir que esse formato de demarcação das vagas, sequenciais ou presas, tem sido largamente empregado para empreendimentos residenciais e em estacionamentos com elevado fluxo de veículos, não raramente fazendo com que as faixas de circulação, que igualmente podem servir de acesso às vagas sequenciais, sirvam de passagem para centenas de veículos. Essa condição exige rapidez nas manobras dos veículos e, portanto, demanda a criação de áreas para a parada temporária dos veículos durante os procedimentos de manobra, em local que não interfira no fluxo dos automóveis, conforme será visto na seção 8.8.

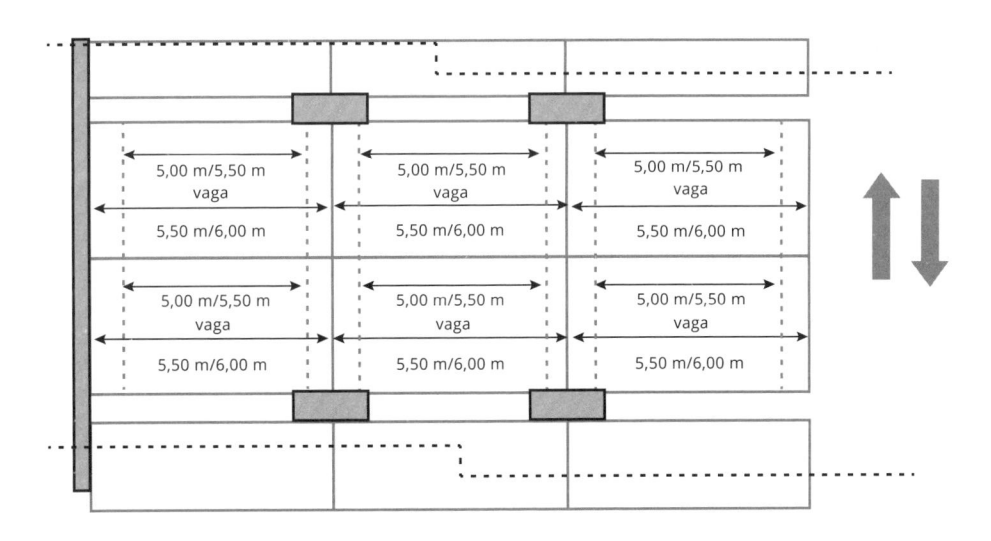

FIG. 8.4 *Comprimento estendido e locação de vagas sequenciais*

8.2.9 Vagas de veículos conduzidos por pessoas com deficiência/mobilidade reduzida e idosos

Em razão da existência de regulamentações das vagas para veículos conduzidos por pessoas com deficiência ou com mobilidade reduzida pelo Contran (2007) e pela CET (2019b), parcialmente reproduzidas nas Figs. 8.5 a 8.7, compete considerar as medidas legais e equipará-las às medidas mínimas apuradas nesta publicação para a vaga PN, concluindo-se pela equivalência e aplicabilidade desta última como vaga para deficiente, desde que seja assegurado o incremento mínimo de 1,20 m no afastamento (ou espaço livre) em uma das laterais, conforme:

* vaga def. (Contran): 2,5 m × 5,0 m (exigência de afastamento de 1,20 m em uma lateral + 20 cm de faixa demarcatória na outra lateral para vagas paralelas);
* vaga def. (CET): 2,4 m × 5,0 m (exigência de afastamento de 1,20 m em uma lateral + 10 cm de faixa demarcatória na outra lateral para vagas paralelas);
* vaga de idoso (CET): 2,2 m × 5,0 m (exigência de afastamento de 1,20 m em uma lateral + 10 cm de faixa demarcatória na outra lateral para vagas paralelas);
* PN → 2,50 m × 5,0 m + 1,20 m de afastamento em uma lateral.

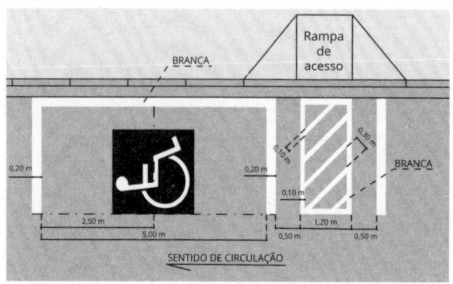

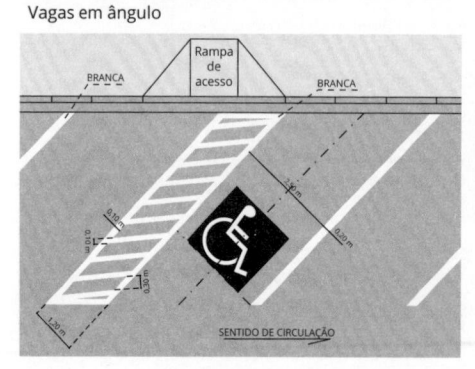

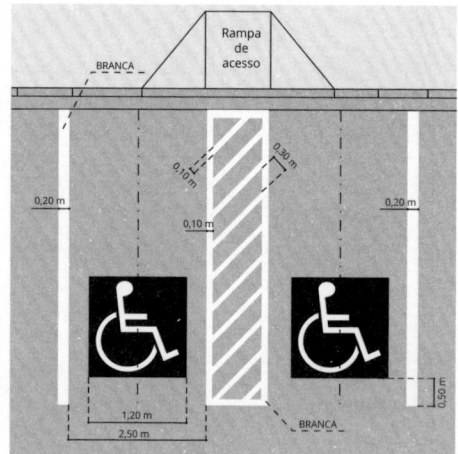

FIG. 8.5 *Demarcações de vagas para deficiente físico*
Fonte: Contran (2007).

8.3 Altura das vagas

Seguindo o levantamento das medidas dos veículos que circulam e são comercializados no País, foi apurada a medida de 1,58 m para a altura média ajustada e a altura máxima de 2,093 m para os veículos que compuseram a Tab. 5.1.

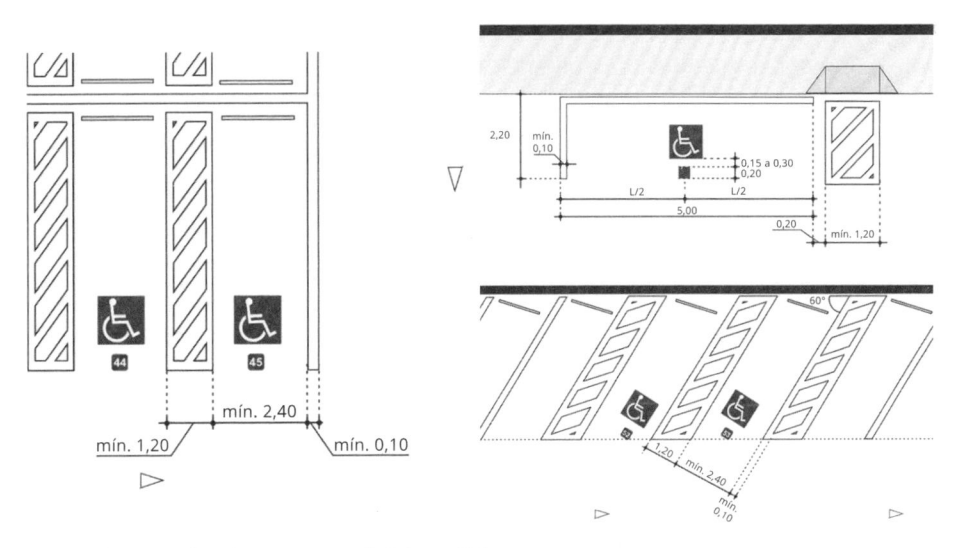

FIG. 8.6 *Demarcações de vagas para deficiente físico*
Fonte: CET (2019b).

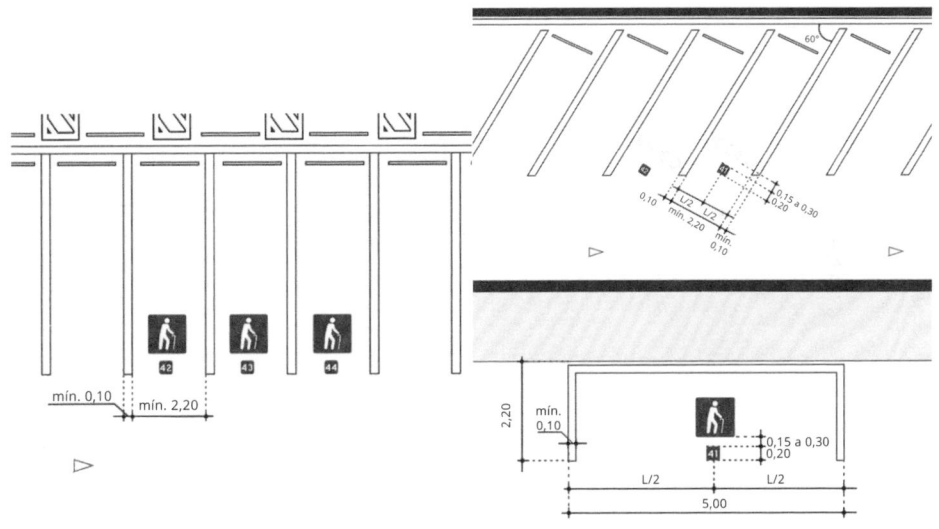

FIG. 8.7 *Demarcações de vagas para idoso*
Fonte: CET (2019b).

Tendo em vista a necessidade de todos os veículos circularem e ocuparem as vagas em segurança nos interiores dos estacionamentos cobertos, ou seja, sem que haja qualquer impacto, inclusive em razão de os compartimentos poderem abrigar instalações aéreas elétricas e de gás combustível, torna-se essencial que haja tolerância além da maior altura apurada no universo pesquisado, decorrente, por exemplo, das medidas dos pneus e das rodas que podem ser alcançadas. No entendimento deste autor, é recomendável adotar 10% de margem de segurança, alcançando-se, portanto, em número redondo, a altura mínima livre de 2,30 m nos estacionamentos cobertos.

Além da medida majorada de 2,30 m, compete salientar que, exceto por uma única montadora no universo pesquisado, nomeadamente a Volkswagen, as demais não informaram a altura total dos veículos considerando-se as aberturas dos capôs dos motores e dos porta-malas. Essas específicas medidas mostraram que veículos considerados baixos, a exemplo do Gol (Fig. 8.8), necessitam de aproximadamente 2,10 m, no mínimo, para a abertura da tampa traseira (ou porta-malas), altura idêntica à maior altura verificada dos veículos pesquisados, constatação que demonstra não haver distinção nas alturas mínimas exigidas das vagas entre os veículos considerados padrão e os veículos ou picapes de porte superior.

8.4 Larguras das faixas de circulação

As larguras das faixas de circulação (Fig. 8.9) estão, por certo, diretamente relacionadas às larguras e à quantidade dos veículos que circulam nos estacionamentos e ao sentido de tráfego, se único ou duplo. Dessa forma, entendendo-se razoável a necessidade do mínimo de 40 cm de espaço livre de cada lado do veículo dentro da faixa de circulação (tal qual a distância mínima livre de 38,8 cm entre espelho e obstáculo lateral) e considerando-se largura de espelho a espelho do veículo, faixa simples ou dupla e sentido único de circulação, obtêm-se:

* PN → largura mínima de faixa simples de circulação, sentido único = 2,10 + 2 × 0,40 = 2,90 m;
* PS → largura mínima de faixa simples de circulação, sentido único = 2,30 + 2 × 0,40 = 3,10 m;
* PN → largura mínima de faixa dupla de circulação, sentido único = 2,10 × 2 + 3 × 0,40 = 5,40 m;
* PS → largura mínima de faixa dupla de circulação, sentido único = 2,30 × 2 + 3 × 0,40 = 5,80 m.

Considerando-se a necessidade de impor maior proteção contra o choque frontal entre veículos que circulem em sentidos opostos nas faixas duplas, entende-se razoável que o espaço livre entre veículos deva ser minimamente majorado em 50% em relação aos espaços laterais, obtendo-se:

Diretrizes de projeto para espaços de estacionamento | 109

* PN → largura mínima de faixa dupla de circulação, sentido duplo = 2,10 × 2 + 2 × 0,40 + 0,60 = 5,60 m;
* PS → largura mínima de faixa dupla de circulação, sentido duplo = 2,30 × 2 + 2 × 0,40 + 0,60 = 6,00 m.

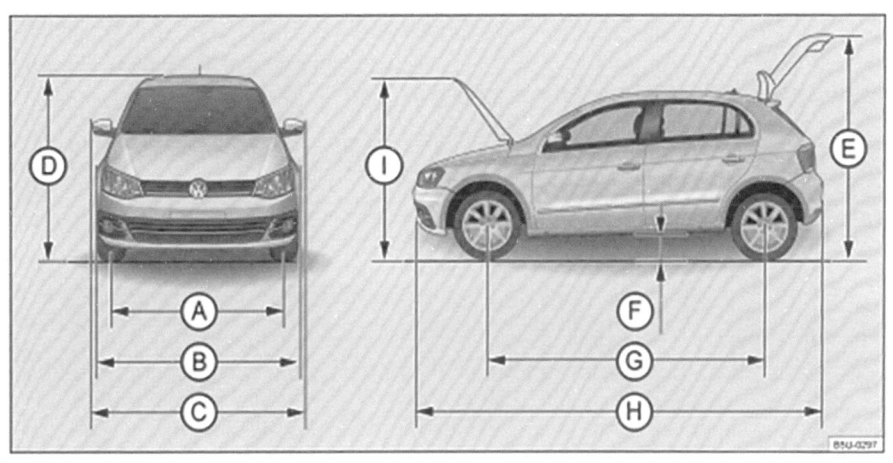

Fig. 153 Dimensões.

As indicações na tabela são válidas para o modelo básico com equipamento básico.

Os valores indicados podem divergir em razão de outros tamanhos de rodas e pneus, equipamentos opcionais, versões do modelo diferentes ou com a instalação posterior de acessórios.

A figura → Fig. 153 ilustra, como exemplo, as dimensões do modelo Gol.

Legenda para → Fig. 153:		
Ⓐ	Bitola dianteira [a]	1.423 - 1.429 mm
	Bitola traseira [a]	1.411 - 1.417 mm
Ⓑ	Largura do veículo *(sem os espelhos retrovisores externos)*	1.656 mm
Ⓒ	Largura do veículo *(com os espelhos retrovisores externos)*	1.893 mm
Ⓓ	Altura do veículo até o teto [b]	1.474 - 1.475 mm
Ⓔ	Altura com a tampa traseira aberta [b]	2.086 - 2.090 mm
Ⓕ	Altura do vão livre em relação ao solo[b]	173 mm
Ⓖ	Distância entre eixos	2.467 mm
Ⓗ	Comprimento do veículo	3.892 mm
Ⓘ	Altura com a tampa do compartimento do motor aberta [a]	1.722 - 1.725 mm
-	Diâmetro mínimo de giro do veículo	aproximadamente 10,9 m

[a] Os dados podem variar de acordo com o tamanho das rodas e dos pneus.
[b] Peso em ordem de marcha, sem condutor e sem carregamento.

FIG. 8.8 *Alturas requeridas de veículo fornecidas pela montadora*
Fonte: site da Volkswagen.

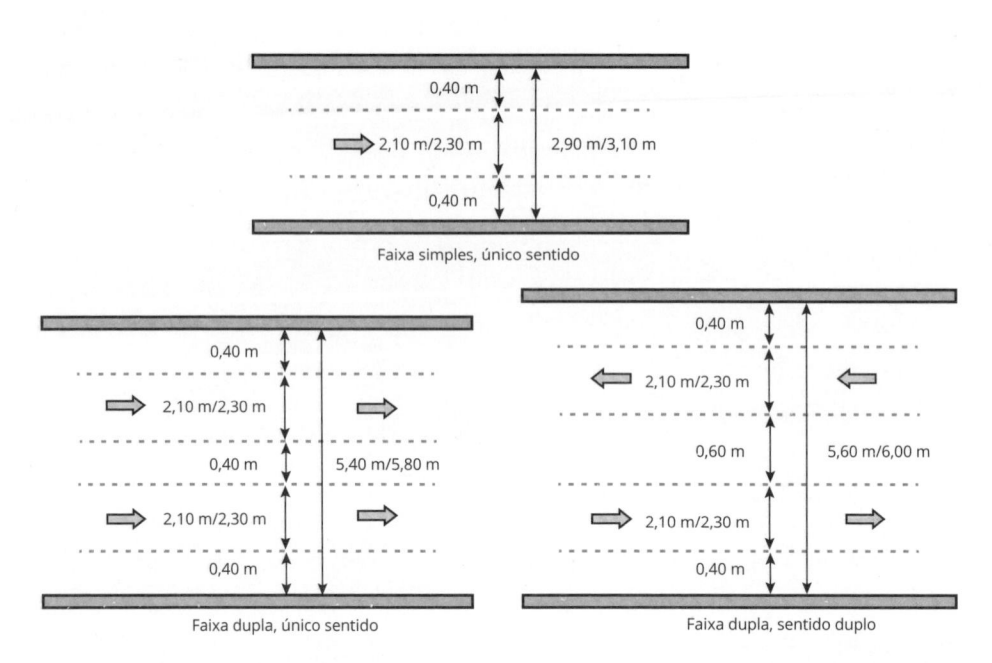

Faixa simples, único sentido
- 0,40 m
- 2,10 m/2,30 m
- 2,90 m/3,10 m
- 0,40 m

Faixa dupla, único sentido
- 0,40 m
- 2,10 m/2,30 m
- 0,40 m
- 5,40 m/5,80 m
- 2,10 m/2,30 m
- 0,40 m

Faixa dupla, sentido duplo
- 0,40 m
- 2,10 m/2,30 m
- 0,60 m
- 5,60 m/6,00 m
- 2,10 m/2,30 m
- 0,40 m

FIG. 8.9 *Modelos de faixas de circulação*

A inexistência de estudo capaz de determinar a quantidade máxima de vagas de veículos atendida pelas vias/faixas simples com sentido duplo de circulação permite adotar a regra do Código de Obras e Edificações do Município de São Paulo (2017), em razão da constatação, ao longo de minimamente 25 anos de atuação na área, sobre a inexistência de reclamações dos usuários admitindo-se o máximo de 60 veículos, quantidade a partir da qual se exige faixa dupla de circulação.

8.5 Larguras das faixas de acesso às vagas

O espaço ideal para a realização das manobras está diretamente relacionado ao diâmetro de giro do veículo a ingressar na vaga e, portanto, deveria sempre ser determinado considerando-se o universo mais atualizado dos veículos que circulam na frota nacional, condição que, assim como as demais dimensões que determinam as demarcações das vagas e os espaços de circulação nos estacionamentos, torna obsoletas as medidas exigidas por algumas das legislações municipais no País, em decorrência das antiguidades das suas emissões.

Diante desse cenário técnico e considerando a Tab. 6.4, em que são apresentados os diâmetros de giro de parede de alguns veículos informados pelas montadoras e simulados nos demais (mediante acréscimo percentual médio nas conversões dos diâmetros de giro de círculo para diâmetros de giro de parede), pôde-se estimar o diâmetro de giro médio de parede a parede de 11,73 m para o universo pesquisado (veículos fabricados entre 2016 e 2019), sugerindo-se, portanto, a largura média de 6,0 m (5,87 m) de faixa de acesso em ângulo de 90° às vagas de estacionamento, conforme o conceito técnico explanado na seção 6.3.

Seguindo a linha de raciocínio até então adotada, referente à diferenciação dos projetos conforme o padrão imobiliário, foi realizado estudo adicional, de acordo com as Tabs. 8.3 e 8.4, originárias da Tab. 6.4 mediante a exclusão dos veículos de maior porte na primeira e, na segunda, somente considerados estes específicos veículos, tendo sido apurados, respectivamente, os diâmetros médios de parede a parede de 11,43 m e de 12,68 m.

Aplicando-se a margem de tolerância sugerida de 5% nas medidas dos diâmetros de giro de parede a parede, conforme o Cap. 7, após ensaios práticos realizados de equiparação dos diâmetros de giro de veículos obtidos em campo com os diâmetros de giro informados pelas montadoras, foram apurados os diâmetros médios majorados de giro de parede a parede de 12,00 m, para projetos normais, e de 13,30 m, para projetos superiores. Na prática, esses diâmetros médios determinam as larguras das faixas de acesso para as vagas a 90° de 6,00 m, para projetos normais, e de 6,66 m, para projetos superiores, de acordo com as Figs. 8.13 e 8.14:

* PN → largura mínima da faixa de acesso para as vagas a 90° = 6,00 m;
* PS → largura mínima da faixa de acesso para as vagas a 90° = 6,70 m.

Tab. 8.3 Diâmetro mínimo de giro de círculo e de parede para apuração da largura da faixa de acesso à vaga a 90° (PN)

	Montadora	Modelo	Diâmetro mínimo de giro de círculo (m)	Diâmetro mínimo de giro de parede (m)
1	Fiat	Mobi Easy/2018	9,50	10,00
2	Kia	Picanto 1.0 L Aut	9,80	10,32
3	Suzuki	Jimny Sierra	9,80	10,32
4	Volkswagen	Novo UP MPI MQ200/2019	9,90	10,42
5	GM	Prisma/2018	10,43	10,67
6	GM	Onix/2018	10,34	10,67
7	Mitsubishi	Lancer 2.0/2018	10,40	10,95
8	Suzuki	S-Cross/2018	10,40	10,95
9	Fiat	Palio Weekend/2018	10,50	11,05
10	Kia	Soul 1.6 L Aut	10,60	11,16
11	Kia	Cerato Flex	10,60	11,16

Tab. 8.3 (continuação)

	Montadora	Modelo	Diâmetro mínimo de giro de círculo (m)	Diâmetro mínimo de giro de parede (m)	
12	Mitsubishi	Outlander 2.0/2018	10,60	11,16	
13	Mitsubishi	ASX Flex/2018	10,60	11,40	
14	Mitsubishi	Eclipse Cross/2018	10,60	11,40	
15	Jeep	Renegade Sport 1.8/2018	10,84	11,41	
16	GM	Spin/2018	10,88	11,45	
17	GM	Cobalt/2019	10,88	11,45	
18	Fiat	Cronos 1.3/2018	10,90	11,48	
19	Volkswagen	Gol/2019	10,90	11,48	
20	Volkswagen	Golf/2018	10,90	11,48	
21	Volkswagen	Virtus/2019	10,90	11,48	
22	Fiat	Argo/2019	11,00	11,58	
23	GM	Tracker/2018	11,20	11,60	
24	Volkswagen	Jetta/2018	11,10	11,69	
25	GM	Cruze Sedan/2018	10,92	11,80	
26	Fiat	Strada Adventure/2018	11,30	11,90	
27	Jeep	Compass 2.0 16V AT6/2018	11,30	11,90	
28	Volkswagen	Passat/2018	11,40	12,00	
29	Volkswagen	Polo/2019	11,60	12,21	
30	Volkswagen	Touareg/2017	11,90	12,53	
31	Volkswagen	Tiguan/2016	12,00	12,63	
32	Fiat	Toro 1.8/2018	12,20	12,84	
33	GM	Equinox/2018	12,70	13,37	
	Média (33 veículos/7 montadoras)		10,88	11,45	Sobrelargura
	Média ajustada (exclusão 5% extremos)		10,85	11,43	0,58

Conforme já explicitado na seção 6.3, os diâmetros de giro de parede a parede, diferentemente dos diâmetros de giro de círculo, incluem o trajeto curvo "alargado" decorrente da sobrelargura gerada pelos veículos durante o movimento de giro máximo, e, por esse motivo, os estudos das geometrias dos traçados dos veículos devem considerar os diâmetros de giro de parede a parede e são diferentes para os ingressos frontal e em marcha a ré às vagas, conforme ilustram as Figs. 8.10 e 8.11.

Tab. 8.4 Diâmetro mínimo de giro de círculo e de parede para apuração da largura da faixa de acesso à vaga a 90° (PS)

	Montadora	Modelo	Diâmetro mínimo de giro de círculo (m)	Diâmetro mínimo de giro de parede (m)	
1	Mitsubishi	Pajero Full 3P/2018	10,60	11,40	
2	Land Rover	Novo Range Rover Evoque 2019	11,60	11,90	
3	Jaguar	XJ	11,90	12,10	
4	Mitsubishi	Pajero Full 5P/2018	11,40	12,20	
5	GM	Camaro/2020	11,60	12,21	
6	Mitsubishi	L200 Triton	11,80	12,42	
7	Toyota	RAV4/2019	11,80	12,42	
8	Lexus	NX300/2017	12,20	12,84	
9	Lexus	Es350/2018	12,20	12,84	
10	Land Rover	Discovery Sport/2019	12,40	13,05	
11	Toyota	Camry/2019	12,40	13,05	
12	GM	S10	12,70	13,49	
13	Volkswagen	Amarok/2019	12,95	13,63	
14	Toyota	Hilux Cab Dupla/2019	13,40	14,11	
	Média (14 veículos/7 montadoras)		12,07	12,69	Sobrelargura
	Média ajustada (exclusão 5% extremos)		12,08	12,68	0,60

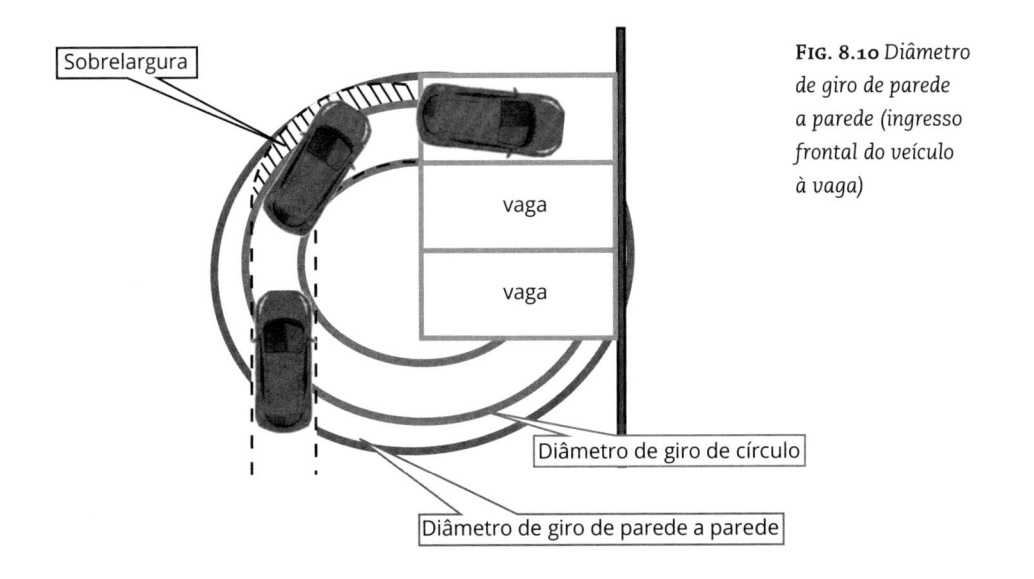

FIG. 8.10 *Diâmetro de giro de parede a parede (ingresso frontal do veículo à vaga)*

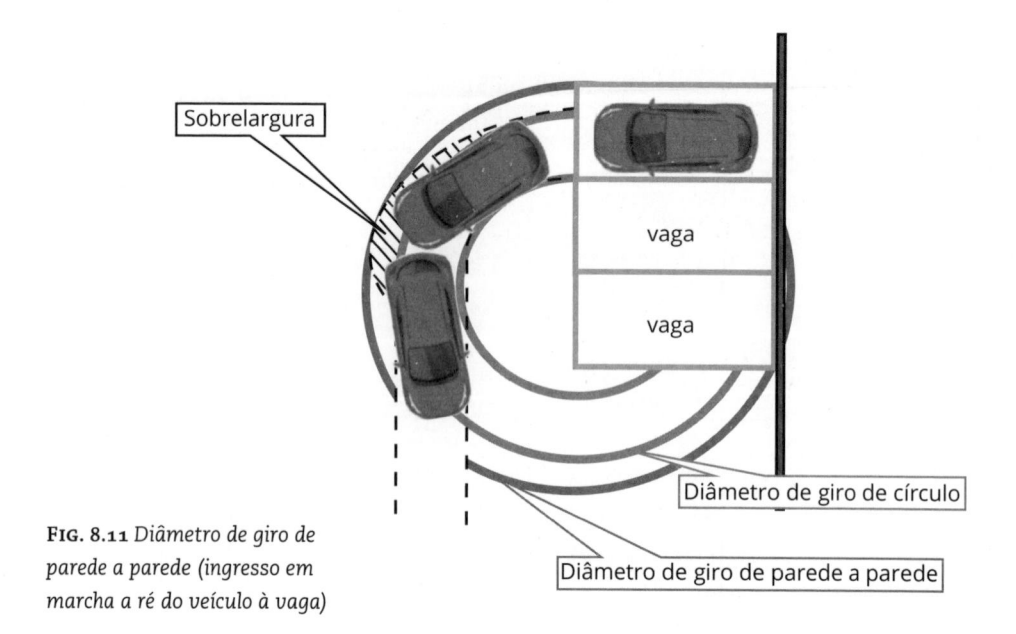

FIG. 8.11 *Diâmetro de giro de parede a parede (ingresso em marcha a ré do veículo à vaga)*

Analisando as Figs. 8.10 e 8.11, sendo que a primeira simulou o ingresso à vaga pela frente do veículo e a segunda, o ingresso à vaga em marcha a ré, constata-se a vantagem de ingressar em movimento frontal às vagas a 90°, por exigir menor largura da faixa de acesso durante as manobras de entrada e saída das vagas, contudo exigindo largura superior da vaga (acrescida da mesma sobrelargura que seria incrementada na largura da faixa de acesso à vaga no caso do estacionamento em movimento em marcha a ré).

Aplicando-se os dados do diâmetro de giro de parede a parede, bem como da largura e do comprimento das vagas, em *software* para a confecção de projetos arquitetônicos (Revit – AutoDesk/Revit Technology Corporation), foi possível simular os movimentos de manobra para estacionamento estando as vagas implantadas em diversos ângulos de acesso (Fig. 8.12) e, assim, obter as medidas das faixas de circulação para ingresso às vagas, bem como os espaços necessários para as implantações dos estacionamentos nos dois principais ângulos de acesso (Figs. 8.13 a 8.16).

Em decorrência do estudo geométrico promovido através do programa Revit, foi possível elaborar a Tab. 8.5, descritiva das larguras das faixas de acesso às vagas de acordo com os ângulos de ingresso.

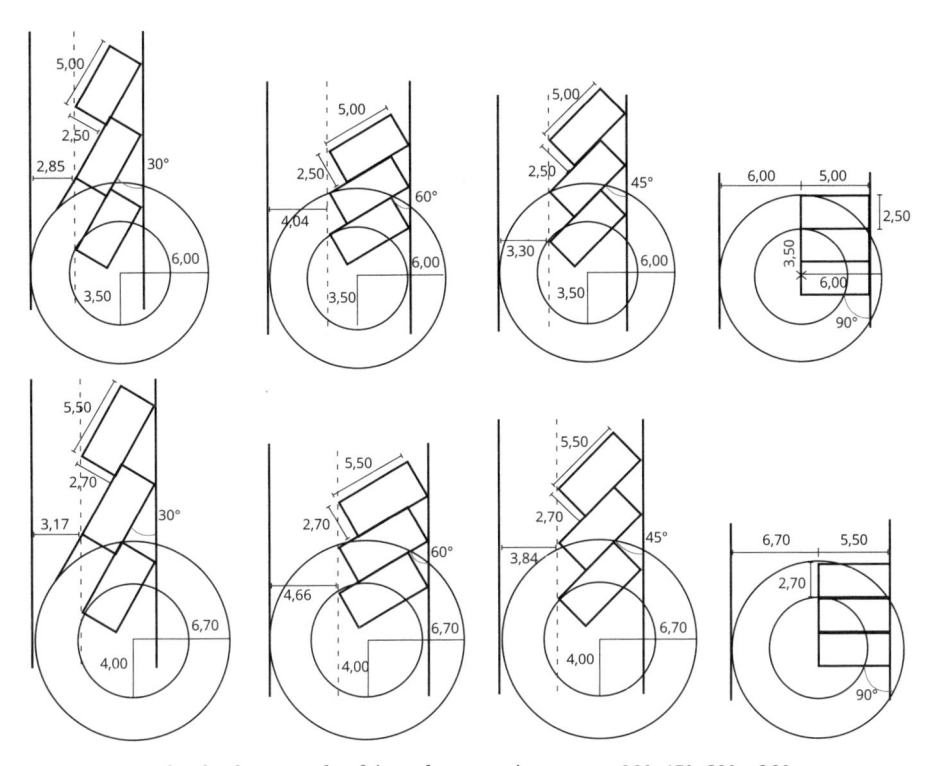

FIG. 8.12 *Prancha das larguras das faixas de acesso às vagas a 30°, 45°, 60° e 90°*

Tab. 8.5 Largura das faixas de acesso às vagas conforme ângulo de acesso

Ângulo de ingresso	Largura da faixa de acesso (m)		Largura considerada da faixa de acesso (m)	
	PN	PS	PN	PS
30°	2,85	3,17	3,00	3,25
45°	3,30	3,84	3,50	4,00
60°	4,04	4,66	4,25	4,75
90°	6,00	6,70	6,00	6,70

Buscando melhor ilustrar as manobras de ingresso às vagas, as Figs. 8.13 a 8.16, extraídas da prancha da Fig. 8.12, representam ingressos a 90° e 45° às vagas de estacionamento.

Outra disposição geométrica que pode ser empregada para a demarcação das vagas nos estacionamentos coletivos é aquela em que a vaga está posicionada em ângulo de 45° em relação ao sentido de deslocamento do veículo (Figs. 8.15 e 8.16), condição que, embora reduza a largura da faixa de circulação e facilite a manobra para estaciona-

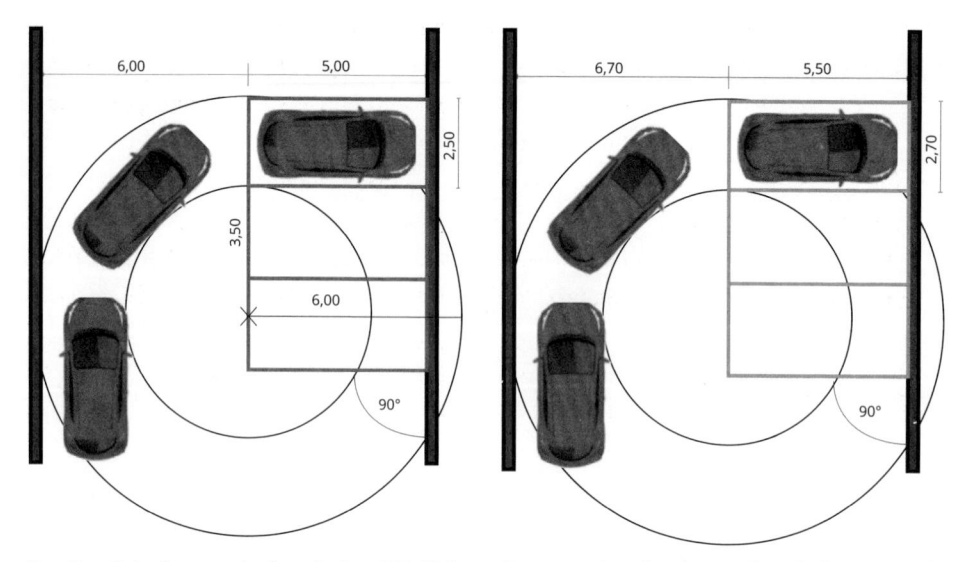

FIG. 8.13 Estacionamento de veículo a 90° (PN)

FIG. 8.14 Estacionamento de veículo a 90° (PS)

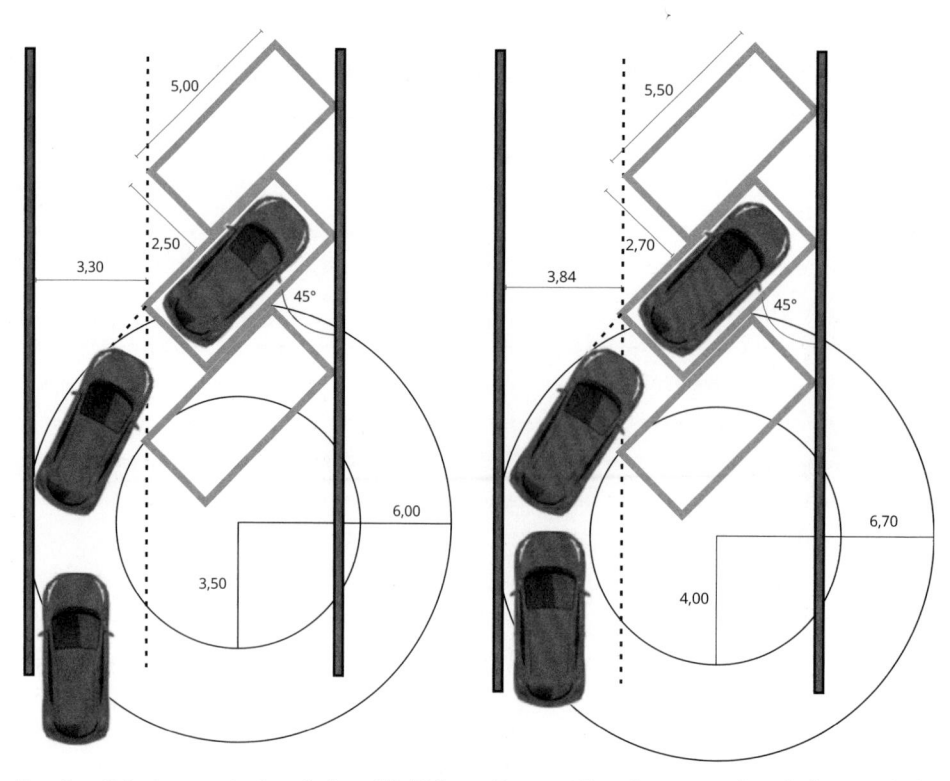

FIG. 8.15 Estacionamento de veículo a 45° (PN)

FIG. 8.16 Estacionamento de veículo a 45° (PS)

mento, obrigatoriamente exige que o veículo ingresse à vaga de frente e, após sair de marcha a ré, continue circulando na faixa de acesso seguindo o mesmo sentido que o permitiu ingressar à vaga, conforme já comentado no Cap. 7. Tal condição torna o uso das vagas a 45° mais comum em projetos que permitem o trânsito circular dos veículos, usuais em estacionamentos coletivos maiores, a exemplo dos localizados em *shopping centers*, sendo, portanto, pouco comum em estacionamentos habitacionais.

* PN → largura mínima da faixa de acesso para as vagas a 45° = 3,30 = 3,50 m;
* PS → largura mínima da faixa de acesso para as vagas a 45° = 3,84 = 4,00 m.

É importante destacar que a composição geométrica empregada no Revit, conforme apresentado no estudo da presente publicação, e que permitiu apurar as larguras das faixas de acesso para as vagas a 90°, considerou que as sobrelarguras médias de projeto (Tabs. 8.3 e 8.4), somadas às larguras dos veículos (sem espelhos), devem resultar em medida inferior ou no máximo igual às larguras das vagas de projeto:

* PN → 0,58 + 2,10 − (0,12 × 2) = 2,44 m ≤ 2,50 m;
* PS → 0,60 + 2,30 − (0,12 × 2) = 2,66 m ≤ 2,70 m.

8.6 Largura da faixa de circulação em curva

Conforme explanado na seção 6.1, cabe ratificar a constatação da ausência de informação desse importante dado técnico na grande maioria das legislações municipais. Os poucos materiais que o contemplam, inclusive os boletins técnicos dos conselhos de trânsito e dos organismos oficiais, não informam regras técnicas e formato de cálculo, apresentando apenas tabelas, como é o caso do artigo de Eger (2013), que demonstram incremento nas larguras das faixas de circulação conforme ocorre a redução do raio interno em trechos curvos, assim como limitam os raios mínimos das faixas de circulação em curva.

A experiência prática deste autor e os informes técnicos levantados mostram que, embora seja muito necessário aumentar a largura das faixas de circulação veicular para as curvas mais fechadas nos estacionamentos coletivos, a variação máxima é relativamente pequena, não ultrapassando 20% para trechos planos.

Ainda que seja simples a compreensão da necessidade de aumentar a dimensão da largura das faixas de circulação em curva ao reduzir o raio interno, conforme ilustrou a seção 6.1, o fato de os diversos elementos que compõem as dimensões dos veículos participarem ativamente no incremento da largura da faixa de circulação (largura, comprimento, sobrelargura, medidas entre os eixos, e bitolas dianteiras/traseiras), torna complexa a formulação matemática, sugerindo-se empregar a ferramenta do desenho técnico Revit (Figs. 8.17 e 8.18), tal qual as determinações das larguras das faixas de acesso às vagas, ao menos para as curvas planas, possibilitando formular as Tabs. 8.6 e 8.7, com a tabulação das larguras das faixas de circulação em função dos raios de curvatura para os projetos normal (PN) e superior (PS), bem como equiparar os dados entabulados com as tabelas apuradas no levantamento bibliográfico (Tab. 8.8).

A título de esclarecimento da metodologia empregada, compete esclarecer que o espaço ocupado pelo veículo, responsável pela largura mínima da faixa de circulação em curva, é o elemento geométrico determinante do desenho técnico Revit, razão pela qual os estudos que tabularam os incrementos nas larguras conforme a diminuição do raio de circulação contêm como primeiro raio real tabulado medida superior a largura mínima da faixa de circulação (PN com 2,90 m e PS com 3,10 m), ajustada em decorrência da precisão do método de apuração e da necessidade de conferir segurança aos usuários dos estacionamentos, verificando-se ao final que o montante ajustado confere diferença pouco representativa na elaboração dos projetos de estacionamento. Cabe salientar a coerência técnica de equiparar a reta a uma curva com o comprimento do raio interno tendendo ao infinito, condição que ratifica o fato de que o aumento dos raios nos trajetos curvos ameniza, na proporção direta, as dificuldades e/ou os riscos para circulação dos veículos maiores, até o momento em que não haverá diferenciação nas conduções dos veículos em razão dos seus tamanhos.

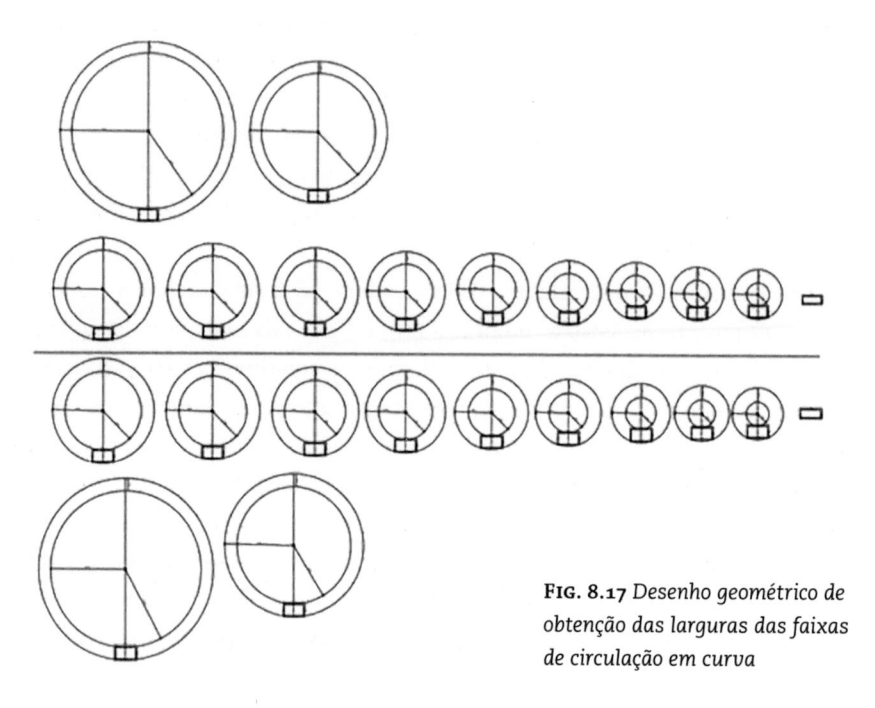

FIG. 8.17 *Desenho geométrico de obtenção das larguras das faixas de circulação em curva*

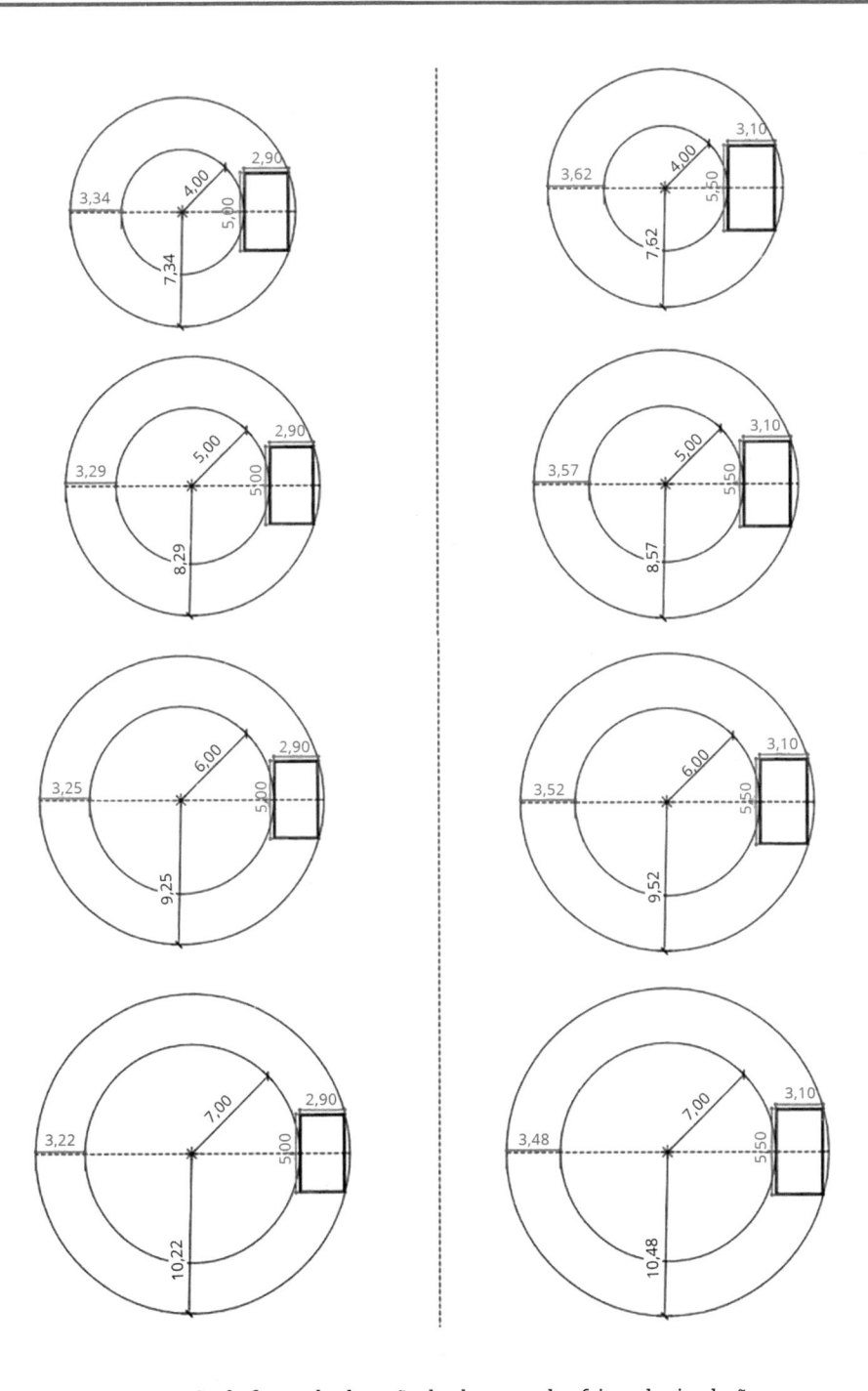

FIG. 8.18 *Demonstração da forma de obtenção das larguras das faixas de circulação em curva*

Tab. 8.6 Larguras das faixas de circulação em curva (trecho plano) – projeto normal (PN)

Raio (m)	Largura (m)	Acréscimo (m)	Acréscimo balanceado de largura (m)	Majoração de largura em 10% (m)	Largura (m)
50	2,96				2,90
20	3,04	0,08	0,08	0,088	2,99
15	3,08	0,04	0,04	0,044	3,04
10	3,15	0,07	0,07	0,077	3,13
9	3,17	0,02	0,02	0,022	3,16
8	3,2	0,03	0,03	0,033	3,19
7	3,22	0,02	0,03	0,033	3,23
6	3,25	0,03	0,03	0,033	3,27
5	3,29	0,04	0,04	0,044	3,32
4	3,34	0,05	0,05	0,055	3,38
3	3,42	0,08	0,08	0,088	3,49

Tab. 8.7 Larguras das faixas de circulação em curva (trecho plano) – projeto superior (PS)

Raio (m)	Largura (m)	Acréscimo (m)	Acréscimo balanceado de largura (m)	Majoração de largura em 10% (m)	Largura (m)
50	3,17				3,10
20	3,27	0,10	0,10	0,110	3,22
15	3,31	0,04	0,04	0,044	3,27
10	3,4	0,09	0,09	0,099	3,37
9	3,42	0,02	0,02	0,022	3,40
8	3,45	0,03	0,03	0,033	3,44
7	3,48	0,03	0,03	0,033	3,48
6	3,52	0,04	0,04	0,044	3,53
5	3,57	0,05	0,05	0,055	3,60
4	3,62	0,05	0,05	0,055	3,66
3	3,7	0,08	0,08	0,088	3,75

Tab. 8.8   Comparativo das faixas de circulação em curva (trecho plano/0-4%)

Raio (m)	Larguras das faixas de circulação			
	São Paulo (SP)	Eger (2013)/Alemanha	PN	PS
50			2,90	3,10
20		3,00	2,99	3,22
18		3,05		
16		3,10		
15	2,75		3,04	3,27
14	2,75	3,15		
12	2,75	3,25		
10	2,75	3,35	3,13	3,37
9,5	2,75			
9	2,75	3,40	3,16	3,40
8,5	2,75			
8	2,75	3,45	3,19	3,44
7,5	2,75			
7	2,75	3,50	3,23	3,48
6,5	2,75			
6	2,75	3,60	3,27	3,53
5,5	2,85			
5	2,95	3,70	3,32	3,60
4,5	3,05			
4	3,15		3,38	3,66
3,5	3,25			
3	3,35		3,49	3,75

Além do incremento na largura da faixa de circulação em curva, decorrente da diminuição do raio interno, trechos curvos em rampa devem agregar largura adicional à faixa de circulação, procedimento baseado nas planilhas constantes nos Códigos de Obras de Palmas (TO), Fortaleza (CE) e São Paulo (SP) (Tab. 6.1), permitindo neste livro adotar acréscimos percentuais mínimos de 15% e 30% (respectivamente para inclinações de rampa de 5% a 15% e acima de 5% até 20%) à largura da circulação já majorada em decorrência da diminuição do raio interno.

Na casualidade da adoção de inclinação transversal, justamente nos trajetos em curva, compensando a tendência de o veículo "escorregar para fora" com o aumento de velocidade (que usualmente está limitada a cerca de 20 km/h), este autor entende razoável adotar o percentual máximo de 2% utilizado pelo Código de Obras de São Paulo (2017), além do que a circulação pode se tornar desconfortável, especialmente em baixa velocidade, condição exigida em estacionamentos coletivos habitacionais.

Compete destacar a necessidade de concordância entre os trechos curvos e retilíneos de circulação, de forma a não ocorrerem mudanças bruscas nas larguras entre os trechos contíguos, condição inclusive abordada em algumas das legislações municipais investigadas, a exemplo do Código de Obras e Edificações de Porto Alegre (RS), por restringir, em qualquer dos limites das larguras delimitadas em planta, inflexão superior a 20° em relação à direção do trânsito de veículos.

8.7 Rampa admissível (inclinação máxima)

A rampa admissível é um item importante a ser considerado nos projetos e comumente problemático nos estacionamentos, fato percebido pelas habituais reclamações sobre o veículo "bater" a frente ou a traseira ao transitar nas rampas mais íngremes, conforme já destacado na seção 5.2. Compete ressaltar que as inclinações máximas de 25%, permitidas por algumas das legislações municipais vigentes no País, podem ocasionar exposições dos veículos ao risco de avarias causadas pelos pequenos impactos (já a partir de 15% de inclinação, como demonstrou a Tab. 5.4), causar grave acidente decorrente da impossibilidade de o motorista visualizar o trecho posterior à rampa quando estiver trafegando no sentido de subida ou até mesmo exigir potência do motor além do regime de trabalho adequado para o veículo, quer seja pelas condições de manutenção ou pela própria característica automotiva, merecendo novamente destacar a omissão de dados técnicos pela maioria das montadoras referentes às limitações dos veículos em relação às rampas.

Tendo em vista que os veículos, mesmo aqueles considerados de baixa potência, conseguem vencer rampas íngremes, mesmo com inclinações superiores a 20%, portanto, com desempenhos de motorização, dos freios e do atrito dos pneus adequados para os aclives e os declives a serem vencidos na inclinação considerada admissível, conclui-se que as limitações das inclinações das rampas nos projetos de estacionamento estão condicionadas às geometrias veiculares.

Conhecendo-se os pontos críticos da dinâmica da circulação veicular nas rampas convencionais, precisamente as zonas de intersecção dos planos horizontais com os planos inclinados, a prática e a geometria indicam que sejam criadas curtas rampas de transição, tanto na parte alta quanto na parte baixa das rampas, condição que permite aos projetos de estacionamento aceitarem inclinações das rampas entre

15% e 20%, sem, com isso, submeterem os veículos aos riscos de pequenos impactos, conforme demonstra a Fig. 8.19.

Objetivando elucidar os parâmetros que possibilitarão nortear os comprimentos, os ângulos e a quantidade de rampas de transição, a Fig. 8.20, extraída do site da montadora Citroën, ilustra o perfil do veículo C4 Lounge, em dimensões proporcionais e escala indefinida, permitindo a apuração das inclinações mínimas e máximas das rampas admissíveis frontal e posterior do veículo, tal qual explicitado na seção 5.2.

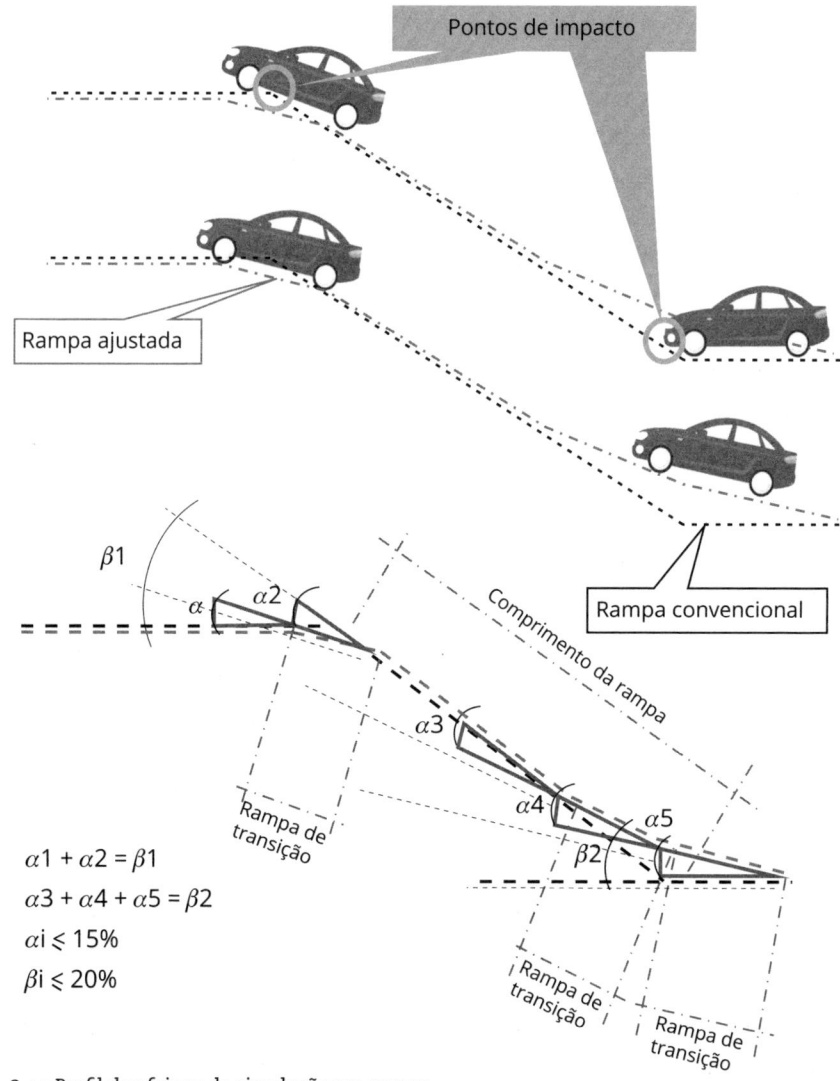

$\alpha_1 + \alpha_2 = \beta_1$
$\alpha_3 + \alpha_4 + \alpha_5 = \beta_2$
$\alpha_i \leqslant 15\%$
$\beta_i \leqslant 20\%$

FIG. 8.19 *Perfil das faixas de circulação em rampa*

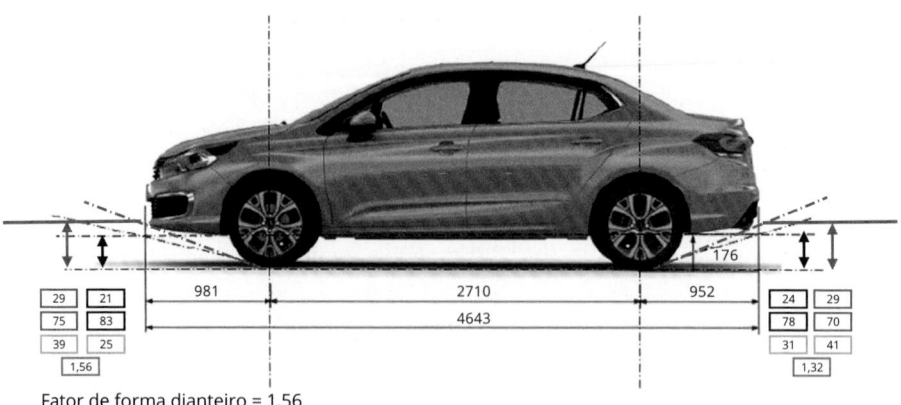

Fator de forma dianteiro = 1,56
Fator de forma traseiro = 1,32
Inclinação máxima admissível prevista da rampa dianteira = 17,94% x 1,56 = 27,98 = 28%
Inclinação máxima admissível prevista da rampa traseira = 18,49% x 1,32 = 24,41 = 25%

FIG. 8.20 *Perfil veicular para definição das inclinações admissíveis para as rampas*

Embora as inclinações tenham sido apuradas indiretamente, empregando-se dados obtidos do site da montadora e ajustados pelos fatores de forma obtidos de imagem passível de apresentar distorções de formato comparativamente à realidade física, pôde-se constatar que o veículo apresentou geometria adequada para atender a inclinação máxima de 25% regrada em alguns municípios nacionais, contudo no limite para a ocorrência de pequenos impactos na casualidade do enfrentamento de rampas no limite máximo legal de inclinação, especialmente na traseira do veículo.

Reconhecida a necessidade das inclusões de rampas de transição, as Figs. 8.21 e 8.22 ilustram as combinações geométricas dos veículos em relação às rampas, tomadas a partir das ilustrações sem escala definida, contudo proporcionais nas dimensões e nos ângulos reais, possibilitando demonstrar as configurações e as dimensões mais favoráveis à circulação dos veículos.

Preliminarmente, compete esclarecer que os estudos procedidos através das ilustrações técnicas foram concebidos considerando as inclinações aproximadas de 28% para a rampa original e de 14% para as rampas de transição (delineadas), assim como dois comprimentos, sendo a maior rampa de transição com comprimento próximo à distância entre eixos e a menor rampa de transição com a metade do comprimento da primeira.

Ainda que consequente da geometria do perfil veicular, vale salientar que o menor comprimento da projeção da rampa de transição de entrada deve ser superior à distância entre o para-choque frontal e o eixo dianteiro do veículo (para evitar o impacto com a parte frontal do veículo – *vide* detalhe 1).

As ilustrações das Figs. 8.21 e 8.22 permitem destacar que a configuração original da rampa com inclinação de 28%, para as dimensões e a geometria do veículo empregado no estudo, expõe as partes baixas frontal, posterior e central ao risco de impactos com a pavimentação de circulação (detalhes 1.1, 2.1 e 3.1).

Ao serem implantadas as rampas de transição (detalhes 1.2, 1.3, 2.2, 2.3, 3.2 e 3.3), e considerando-se o deslocamento lento e o carregamento normal do veículo, o risco de ocorrência de impacto torna-se reduzido ou nulo. Entre as configurações apresentadas, pôde-se constatar como projeto ideal aquele que apresenta rampa de transição com o maior comprimento na entrada da rampa (detalhes 1.3 e 2.3), especialmente para ser evitado o impacto na parte posterior do veículo, condição semelhante para a saída das rampas (detalhes 3.2 e 3.3).

As dimensões a serem consideradas para o emprego nos projetos executivos e para a realidade dos estacionamentos, bem como em atendimento ao estado da arte da indústria automobilística, permitem recomendar rampas de transição com aproximadamente 10% de inclinação e, quando únicas no trecho a ser incor-

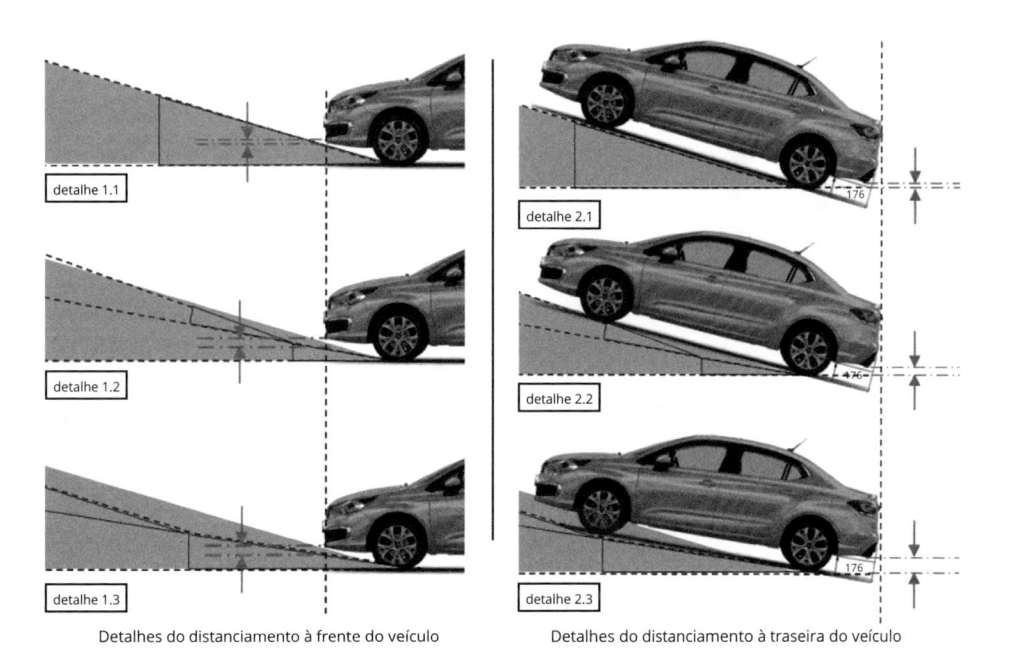

Detalhes do distanciamento à frente do veículo   Detalhes do distanciamento à traseira do veículo

FIG. 8.21 *Configurações das entradas das rampas*

porado, preferencialmente com comprimento entre 2,5 m e 3,0 m (medida entre eixos da maioria dos veículos leves), sem prejuízo de os projetos adotarem medidas diversas, tendo em vista as quantidades de rampas de transição e as inclinações (limitadas a 15%) dependerem das conveniências dos projetos e dos procedimentos executivos de construção.

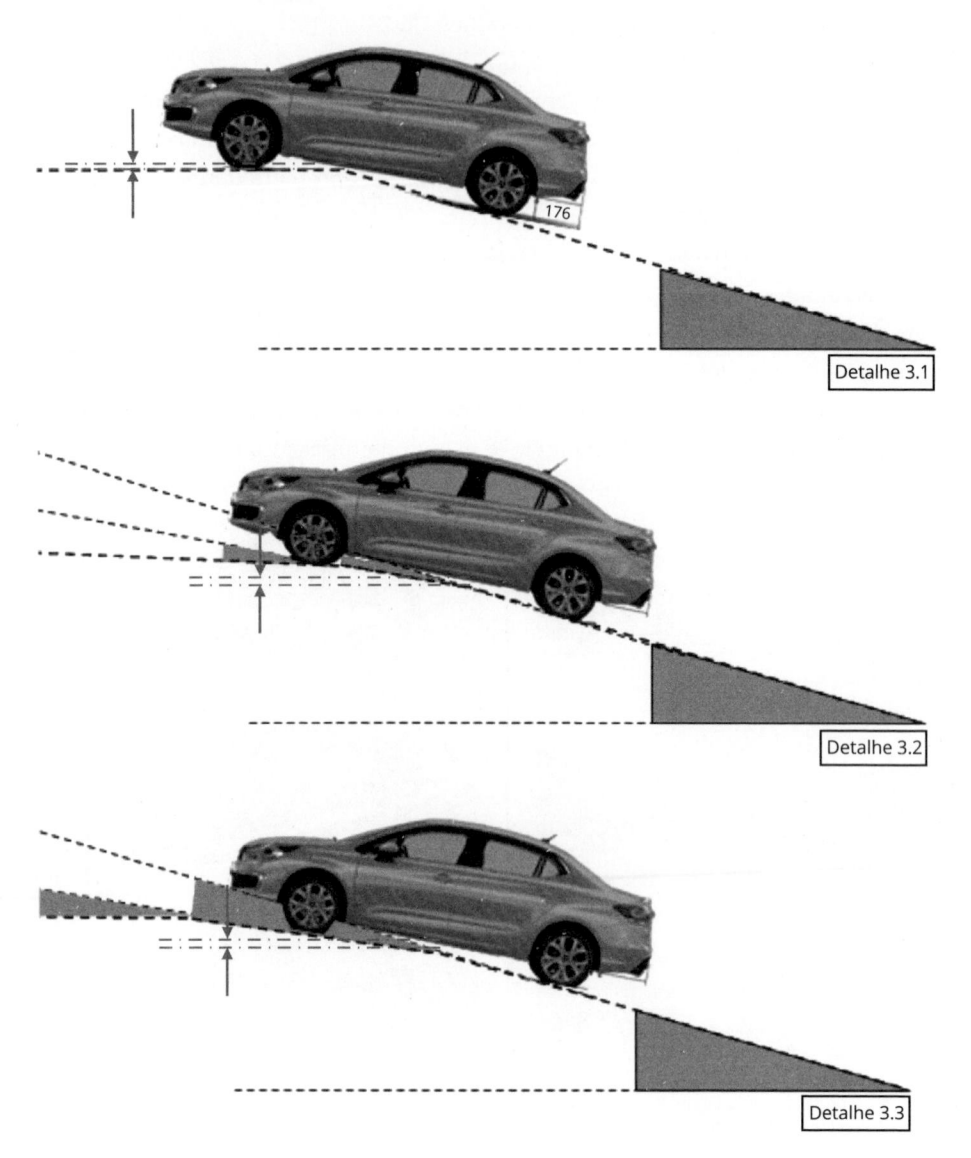

FIG. 8.22 *Configurações das saídas das rampas*

Além dos pequenos acidentes e choques mecânicos que devem ser evitados com as criações das rampas de transição, compete destacar a necessidade de os revestimentos das pavimentações das rampas apresentarem desempenho antiderrapante, capaz de evitar a derrapagem. O cenário apresentado sugere:
* PN e PS → rampas com inclinação máxima de 20%, e inclinações superiores a 15% demandam ajustes nas partes baixa e alta das rampas, mediante a inserção de rampas curtas de transição;
* PN e PS → os revestimentos das rampas devem ser antiderrapantes.

8.8 Área de manobra

Item atestado como importante por este autor, especialmente em estacionamentos coletivos habitacionais que contenham vagas sequenciais ou contínuas presas, em razão de obrigarem a remoção do veículo estacionado à frente para a liberação de outro, exige dos estacionamentos conterem espaços disponíveis para paradas temporárias durante as manobras e não muito distantes, condição mormente prevista em estacionamentos comerciais, contudo raramente projetada nos estacionamentos residenciais coletivos.

Seguindo a maioria das legislações que preveem a existência das áreas de manobra, conforme a Tab. 2.8, os estacionamentos coletivos residenciais devem seguir as seguintes recomendações, por sugestão deste autor:
* PN e PS → todo estacionamento coletivo projetado que considera o usufruto das vagas condicionado à realização de manobras doutros veículos deverá conter área mínima para manobra e estacionamento provisório correspondendo a 5% da área total das vagas projetadas (mínimo adotado de 50 m^2), contida no mesmo nível do pavimento considerado e preferencialmente em área central de atendimento dos usuários.

8.9 Faixa protegida (circulação e acesso dos pedestres)

Uma das principais omissões nos regulamentos formulados pelas legislações municipais, enfocando as edificações coletivas habitacionais, é a ausência de regras para que os usuários circulem nos estacionamentos e acessem os veículos com segurança, evitando a ocorrência de acidentes, bem como assegurando larguras mínimas de acesso.

Acessar os veículos com total segurança, em estacionamentos confinados, demanda redução na quantidade de vagas e/ou nas larguras das faixas de circulação dos veículos, condição de difícil enfrentamento em razão da crescente necessidade de atender uma quantidade cada vez maior de vagas por unidade autônoma em edifícios residenciais, verificada atualmente em uma vaga por dormitório, embora se projete uma inversão nessa correlação, a partir do surgimento dos aplicativos para transporte em veículos particulares e do conceito do compartilhamento veicular. Ainda que a tendência futura seja a redução na quantidade de vagas, a atual exigência mercadológica da proporcionalidade entre dormitórios e vagas de estacionamento, por si só, sugere a necessidade de as legislações criarem regras para a adoção de faixas de circulação de pedestres ou ao menos para a criação de condições e/ou dispositivos favoráveis para acesso seguro do usuário à vaga de estacionamento, em contrapartida à crescente incursão dos espaços vagos pelas demarcações das vagas.

Para permitir o usufruto sem discriminação, além das faixas de circulação interna nos estacionamentos, embora não exigido pela NBR 9050 – Acessibilidade a edificações, mobiliário, espaços e equipamentos urbanos (ABNT, 2020b), o Cap. 4 expôs que a referida norma exige que a rota acessível esteja presente nos estacionamentos. Essa condição requer que as diretrizes dos projetos de estacionamento prevejam, minimamente, condições básicas de acessibilidade aos usuários de cadeira de rodas e, portanto, atendam ao menos a largura mínima de 1,20 cm (rota acessível), livre de barreiras ou obstáculos, em todas as faixas internas de circulação em estacionamentos habitacionais e, sempre que possível, além da largura mínima da rota acessível, também cumpram a integralidade das larguras previstas no item 6.11.1 da mencionada NBR 9050, especificamente 0,90 m para trajetos de até 4,0 m de extensão, 1,20 m para extensões entre 4,0 m e 10,0 m e, por fim, larguras de 1,50 m para extensões das faixas de circulação dos pedestres superiores a 10,00 m.

Os trajetos entre os acessos principais ao estacionamento e as vagas para veículos conduzidos por pessoas com deficiência ou com mobilidade reduzida e idosos devem, obrigatoriamente, estar protegidos e demarcados externamente às faixas de circulação dos veículos, e as demais locações das faixas de circulação, caso impossibilitadas de receber proteção integral, devem, sempre que possível, evitar os interiores das faixas de circulação dos veículos e nunca ser justapostas aos raios internos das faixas de circulação em curva.

As demarcações em piso deverão destacar a extensão das faixas de circulação e possuir cor contrastante, preferencialmente com listas transversais em cor amarela.

8.10 Proteção aos acessos dos equipamentos prediais e de segurança

É um item inexistente nas legislações municipais e não encontrado nas pesquisas realizadas nos estudos técnicos estrangeiros, contudo com consequências prejudiciais à

segurança do usuário e ao desempenho das instalações prediais. A seguir são destacadas áreas e acessos que devem ser resguardados e mantidos desobstruídos:
* equipamentos de combate a incêndio (hidrantes, extintores e botoeiras de alarmes);
* trajetos de rota de fuga (saídas de emergência e circulação dos usuários);
* trajetos da rota acessível;
* acessos de entrada e saída aos compartimentos (*halls*, escadarias e elevadores);
* acessos aos quadros elétricos e de comando;
* acessos aos compartimentos técnicos (gerador, motores, bombas, cabine e medição elétrica, reservatórios e depósitos);
* acessos aos depósitos privativos;
* acessos aos compartimentos funcionais (banheiros, refeitórios e vestiários).

nove

Compilação das diretrizes

As legislações municipais avaliadas apresentaram espaços inadequados para a composição das diretrizes técnicas dos projetos de estacionamentos habitacionais, destacando-se as medidas das larguras das vagas, verificadas como inferiores ao mínimo apurado para o adequado estacionamento dos veículos disponíveis na frota nacional, permitindo concluir que nenhum projeto de estacionamento que atenda estritamente as medidas legais dos principais municípios brasileiros poderá assegurar o usufruto das vagas sem restrições, particularmente para os acessos aos interiores dos veículos.

Ratificando a deficiência técnica das diretrizes legalmente exigidas dos estacionamentos habitacionais, compete salientar que as larguras das faixas de acesso em 90° às vagas (ângulo de ingresso predominante nos estacionamentos habitacionais) foram informadas em apenas 70% das legislações pesquisadas e, desse montante, menos de 1% atendeu a medida mínima necessária. Vale ressaltar que se trata da segunda dimensão de maior importância nos projetos de estacionamento, não somente por ditar o grau de dificuldade para acesso às vagas, mas também em razão da área útil consumida que poderia ser ocupada por vagas de estacionamento.

Cabe igualmente mencionar a ausência de esclarecimentos, nas legislações presentes nos municípios brasileiros, sobre a importância de considerar as necessárias variações nas larguras das faixas de circulação dos veículos quando percorrem trajetos curvos, bem como sobre a adoção de faixas para circulação em segurança dos pedestres nos interiores dos estacionamentos coletivos habitacionais.

Agravando as consequências das deficiências nas orientações técnicas das legislações municipais, responsáveis, ao menos em tese, por regrarem as diretrizes de projeto para os estacionamentos em edificações coletivas, cabe atentar para a carência de informes técnicos importantes sobre os veículos que circulam e ocupam as vagas dos estacionamentos, negligenciados por algumas montadoras e que impedem a melhoria na concepção dos projetos arquitetônicos, em especial envolvendo os raios de giro, as larguras totais (incluindo os espelhos retrovisores) e as alturas necessárias para as aberturas dos capôs e dos porta-malas, assim como as declividades máximas admissíveis para evitar impactos frontais e traseiros dos veículos.

A Tab. 9.1 resume os estudos deste livro e pretende instruir os projetistas com parâmetros técnicos para que os projetos apresentem opções que atendam tipos diferenciados de veículos que ocupam os estacionamentos coletivos e circulam por eles, condição fundamentalmente desencadeada pelos requisitos dimensionais, sobretudo para satisfazer tendências socioculturais. Essa situação é acentuada em algumas regiões do País, em razão da preferência por picapes e utilitários grandes, mesmo em uso urbano, ou seja, concorrentes a usufruírem de estacionamentos em edificações habitacionais, sem embargo de igual concorrência pelo usuário de elevado padrão aquisitivo, ao preferir veículos esportivos e sedãs extragrandes. Tal constatação obrigou a criação dos padrões normal (PN) e superior (PS) para as aglutinações distintas das dimensões normais e superiores, especialmente os tamanhos das vagas e os espaços de circulação, condição necessária para a maximização do aproveitamento das áreas e das quantidades de vagas a serem implantadas.

Diante de tudo quanto exposto, torna-se imperativo difundir a necessidade da conscientização dos organismos governamentais para a unificação das legislações municipais enfocadas na implantação dos estacionamentos habitacionais, o que poderá minimizar as falhas na elaboração dos projetos e ainda possibilitará motivar as instituições de ensino superior para a inclusão da matéria na grade curricular e, com isso, desenvolver os profissionais atuantes no setor, tornando-os aptos a criarem estacionamentos coletivos seguindo parâmetros que permitam o usufruto de forma plena, segura, com conforto e em atendimento às características técnicas dos veículos comercializados no território nacional.

Tab. 9.1 Dados recomendados para a formulação de projetos de estacionamento (PN = projeto normal e PS = projeto superior)

Diretrizes de projeto		
Vaga de estacionamento	**PN (m)**	**PS (m)**
Comprimento mínimo da vaga	5,00	5,50
Comprimento mínimo da vaga sequencial "presa" ou "tipo gaveta"	5,50	6,00
Largura mínima da vaga (ambas as laterais confinadas)	2,90	3,10
Largura mínima da vaga (uma lateral paralela a outra vaga)	2,70	2,90
Largura mínima da vaga (vaga intercalada entre vagas)	2,50	2,70
Espaço mínimo entre lateral e parede (vaga longitudinal à parede)	0,30	0,60
Acréscimo mínimo no comprimento da vaga longitudinal à faixa de circulação (acesso para balizamento)	1,00	1,00
Espaço mínimo em uma lateral da vaga destinada às pessoas com mobilidade reduzida	1,20	1,20
Altura mínima livre para estacionamento e circulação	2,30	2,30
Largura mínima da faixa de circulação	**PN (m)**	**PS (m)**
Simples, sentido único	2,90	3,10
Dupla, sentido único	5,40	5,80
Dupla, sentido duplo	5,60	6,00
Largura mínima da faixa de circulação em curva	**PN (m)**	**PS (m)**
Raio interno = 50 m	2,90	3,10
Raio interno = 20 m	2,99	3,22
Raio interno = 15 m	3,04	3,27
Raio interno = 10 m	3,13	3,37
Raio interno = 9 m	3,16	3,40
Raio interno = 8 m	3,19	3,44
Raio interno = 7 m	3,23	3,48
Raio interno = 6 m	3,27	3,53
Raio interno = 5 m	3,32	3,60
Raio interno = 4 m	3,38	3,66
Raio interno = 3 m	3,49	3,75
Largura mínima da faixa de acesso à vaga	**PN (m)**	**PS (m)**
Ângulo de acesso à vaga = 90°	6,00	6,70
Ângulo de acesso à vaga = 60°	4,25	4,75
Ângulo de acesso à vaga = 45°	3,50	4,00
Ângulo de acesso à vaga = 30°	3,00	3,25

Tab. 9.1 (continuação)

Diretrizes de projeto		
Inclinação máxima admissível das rampas	PN (%)	PS (%)
(Para rampas acima de 15%, adotar rampas de transição para chegada e saída)	20	20
Área mínima de manobra	PN (%)	PS (%)
Área equivalente ao percentual de vagas existentes por pavimento	5	5

dez
Atuação do Engenheiro Diagnóstico

Erica Dallariva

A Engenharia Diagnóstica, composta por um conjunto de ferramentas (vistoria, inspeção, auditoria, perícia e consultoria), organiza a atuação de profissionais formados em áreas ligadas às edificações que atuam com estudos acerca das constatações, não conformidades normativas, manifestações patológicas, desempenho dos sistemas, e projetos especializados (a exemplo dos projetos de acessibilidade, de estacionamentos ou de recuperação estrutural, empregados como escopos das consultorias), entre outros.

Considerando os estudos técnicos apresentados nesta publicação, compete elucidar as prestações de serviço do Engenheiro Diagnóstico enfocando projetos de estacionamento.

Como exemplos de atuação, podem ser enunciadas as auditorias dos estacionamentos em relação às dimensões regradas pelas legislações edilícias e/ou em relação aos projetos aprovados pela prefeitura e as consultorias técnicas voltadas às condições de acomodação das vagas na área dedicada ao estacionamento, neste caso buscando abrigar maior número de veículos e/ou melhorar as condições de segurança e conforto do usuário.

10.1 Auditoria dos estacionamentos

Certamente, a prestação de serviço de maior responsabilidade ao Engenheiro Diagnóstico relacionado aos projetos de estacionamento é a correta interpretação das exigências técnicas legais indicadas nos Códigos de Obras, nas Leis de Uso e Ocupação do Solo e na legislação edilícia pertinente.

Entre as considerações a serem destacadas, vale frisar que os regramentos legais não determinam as medidas com que as vagas devem ser projetadas ou as larguras das faixas de circulação dos veículos, mas sim as dimensões mínimas, sobre as quais não cabe qualquer aplicação de tolerância, a exemplo da admissibilidade de diferença inferior a um vigésimo dada pelo Código Civil ou pelas leis municipais que podem eventualmente possuir o mesmo regramento visando a expedição do Auto de Conclusão ou Habite-se, sem prejuízo de que tais aceitações sejam permitidas até o limite das dimensões mínimas legais.

Além das dimensões mínimas a serem respeitadas, tanto das medidas internas das vagas quanto das larguras das faixas de circulação, demais parâmetros devem ser igualmente obedecidos, entre os quais a quantidade máxima de veículos que podem transitar nas faixas simples de circulação, o eventual limite na quantidade de vagas nas vias "sem saída" (ou a necessidade de balão de retorno) e a quantidade de veículos que podem ser estacionados sequencialmente na modalidade de "gaveta". Em relação a este último parâmetro, salienta-se a especificação existente em alguns projetos, de acordo com a legislação do município, sobre a necessidade da operação de manobrista para o usufruto do estacionamento, condição usualmente destacada nos projetos quando as vagas sequenciais do tipo "gaveta" são ocupadas por veículos de diferentes proprietários, cabendo neste caso ao Engenheiro Diagnóstico verificar quais as condições de uso das vagas de estacionamento previstas no contrato de compra e venda e na convenção do condomínio.

Vale ainda explanar que alguns municípios determinam quantidades mínimas legais de vagas por unidade autônoma. Essa exigência, embora deva ser conferida em trabalhos de auditoria, não prevalece sobre a necessidade do cumprimento da quantidade projetada, quando esta última é superior à quantidade mínima legal.

Por fim, o trabalho de auditoria deve, na conclusão da prestação de serviço, apresentar o resultado das vagas auditadas, exibindo ao final a quantidade das vagas que eventualmente não cumpriram as exigências técnicas legais aplicáveis.

Embora caiba ao Engenheiro Diagnóstico, no caso da prestação de serviço voltada às condições técnicas para uso dos estacionamentos, também averiguar o cumprimento das exigências legais impostas pelas legislações locais, não raro somos questionados quanto às providências a serem tomadas quando não há solução técnica a ser adotada (no caso, adequações nas demarcações das vagas e dos espaços de manobra). Isso exige extrapolarmos as questões técnicas restritas aos projetos, invadindo o campo do Direito, através do norteamento dos advogados sobre as soluções de construção passíveis de serem adotadas ou demonstrando custos indenizatórios ou, ainda, relembrando a regra legal básica que prevalece sobre as leis municipais, precisamente o Código de Defesa do Consumidor, ao exigir que o produto entregue seja plenamente usufruível, ou seja, não pode ser impróprio ou inadequado ao consumo a que se destina.

Em relação aos custos indenizatórios, vale destacar a incorreção do emprego do custo de construção de vaga como valor de ressarcimento em razão de vaga imprópria ao usufruto, procedimento equivocado por vezes sugerido nas perícias judiciais, já que, por óbvio, além da necessidade de o empreendimento apresentar espaços desocupados e condições técnicas que permitam a construção de vagas adicionais, situação mormente inexistente, insta destacar a consequência danosa primeira na conjectura da redução do número de vagas aptas ao uso, sabidamente a desvalorização patrimonial.

10.2 Consultoria técnica

Prestação de serviço usual quando os condomínios ou as incorporadoras anseiam por aumento nas quantidades de vagas ou por melhorias nas condições de dirigibilidade nas vias do estacionamento e de manobra para acesso às vagas.

Nesse tipo de trabalho o contratante, quando condomínio devidamente estabelecido com projeto e convenção de condomínio aprovados, deve ser alertado sobre as implicações e/ou providências legais decorrentes da intenção de alteração do projeto original e dos títulos de propriedade eventualmente indexados à convenção do condomínio.

Ainda em relação às condições legais, devem ser previamente conhecidas as especificidades relacionadas às vagas de estacionamento existentes nos contratos de compra e venda de imóvel, entre as quais saber se as vagas integrantes de condomínios prediais pertencem às unidades autônomas ou integram o patrimônio condominial, se as metragens ou as áreas das vagas foram discriminadas e se está especificada a obrigatoriedade do uso de manobristas, constituindo, assim, informes a serem considerados nas consultorias técnicas.

Resolvidos os impedimentos legais e conhecendo os informes contratuais, o Engenheiro Diagnóstico poderá avaliar e aproveitar a existência de espaços ociosos ou mal ocupados, através da prática de projeções diversas de localizações e disposições das vagas, inclusive empregando os procedimentos explanados nesta publicação.

Entre as possibilidades de adequação dos estacionamentos, quando inexistem espaços que possibilitem a criação de vagas ou ajustes em favor do atendimento das dimensões mínimas legais exigíveis ou que possibilitem aos usuários estacionar veículos maiores (carros esportivos, luxuosos ou picapes), há a alternativa de os projetos incluírem as instalações de equipamentos mecanizados, a exemplo das plataformas elevatórias, que permitem a sobreposição dos veículos (desde que haja pé-direito suficiente), e dos trilhos deslizantes, que possibilitam a maximização dos espaços (reduzindo as distâncias entre os veículos) e evitam o uso de manobrista (quando permitido pela legislação municipal utilizar vagas sequenciais do tipo "gaveta" para usufruto por mais de um proprietário).

Suplementarmente às dimensões das vagas e das larguras das faixas de circulação, as consultorias técnicas devem também avaliar a admissibilidade das inclinações das rampas, quando existentes, considerando o benefício e a possibilidade da adoção de rampas intermediárias de transição, aplicáveis mesmo estando o empreendimento já entregue e em uso.

No que tange às instalações prediais aparentes, ainda que haja coordenação e integração entre os projetos dos empreendimentos, não raro ocorre a redução das alturas livres de circulação e das vagas de estacionamento, podendo ainda acontecer a diminuição dos comprimentos das vagas, neste caso em razão de as descidas dos condutores de água pluvial e esgoto exigirem as instalações longitudinalmente às paredes de periferia dos estacionamentos, que usualmente integram as demarcações de vagas.

Avaliação igualmente importante nas consultorias de projeto de estacionamento, as rotas de fuga devem ser garantidas, evitando que os posicionamentos das vagas obstruam os trajetos, mesmo que parcialmente, assim como devem ser evitados trajetos que cruzem as faixas de circulação dos veículos em trechos de maior trânsito, além de permitir o livre ingresso aos compartimentos técnicos (casas de bombas, geradores, pressurizadores de escada etc.).

As consultorias devem ainda incluir estudo concernente à sinalização, tanto na pavimentação quanto nos elementos verticais (paredes e pilares), capaz de orientar o trajeto, indicando pontos de parada de segurança, sentido de circulação e saída dos veículos.

Observa-se, portanto, que, além dos espaços de estacionamento/manobra, das inclinações máximas das rampas e das interferências com as instalações prediais, as consultorias dos projetos de estacionamento devem avaliar as condições existentes para garantir a circulação segura dos usuários, incluindo aqueles que utilizam cadeira de rodas, assim como assegurar os acessos aos principais equipamentos e dispositivos de segurança contra incêndio.

onze

Previsão para um futuro
não muito distante

O extraordinário avanço tecnológico, ao menos para a geração deste autor, em que veículos autônomos podem ser guiados por computadores orientados por sinais de GPS em redes móveis de transmissão, tecnologia ordinariamente prevista para disponibilização nas ruas do mundo inteiro ainda nesta década, deverá alterar o perfil dos cidadãos comuns que vivem nas grandes metrópoles, atualmente desestimulados em possuir carros próprios, pelos elevados custos despendidos e pela dificuldade em estacioná-los.

O cenário exposto, aliado à presente tendência cultural do uso de aplicativos em detrimento do carro próprio, ao franco desenvolvimento dos veículos autônomos e, mais recentemente, ao temor da aproximação entre pessoas desconhecidas (em razão das infecções virais), aponta para a tendência natural da eliminação dos motoristas e dos veículos individuais, condição que deverá impactar as diretrizes dos projetos de estacionamento no futuro, ao permitir a redução na quantidade das vagas nas edificações coletivas residenciais, uma vez que os veículos deverão estar, na maior parte do tempo, em uso e somente parados durante a realização dos serviços de manutenção, e, mesmo assim, muito provavelmente, em estacionamentos coletivos externos aos empreendimentos habitacionais.

Cabe ainda incluir, nas adaptações dos projetos de estacionamento, as mudanças nas condutas e nos estilos de vida da população global, particularmente os evidenciados registros do incremento no uso de bicicletas e, por consequência, a necessidade da criação de espaços maiores para bicicletários nas áreas comuns dos condomínios. Merece também ser salientado o viés da aceitação dos usuários aos equipamentos mecanizados para estacionamento, capazes de conferir melhor usufruto dos espaços destinados às vagas e que poderão ainda operar em conjunto com os sistemas de fornecimento de energia elétrica para o atendimento da crescente frota de veículos elétricos.

referências bibliográficas

ABNT – ASSOCIAÇÃO BRASILEIRA DE NORMAS TÉCNICAS. NBR 5410: instalações elétricas de baixa tensão. Rio de Janeiro, 2008. 209 p.

ABNT – ASSOCIAÇÃO BRASILEIRA DE NORMAS TÉCNICAS. NBR 5626: sistemas prediais de água fria e água quente – projeto, execução, operação e manutenção. Rio de Janeiro, 2020a. 56 p.

ABNT – ASSOCIAÇÃO BRASILEIRA DE NORMAS TÉCNICAS. NBR 8160: sistemas prediais de esgoto sanitário – projeto e execução. Rio de Janeiro, 1999. 74 p.

ABNT – ASSOCIAÇÃO BRASILEIRA DE NORMAS TÉCNICAS. NBR 9050: acessibilidade a edificações, mobiliário, espaços e equipamentos urbanos. Rio de Janeiro, 2020b. 147 p.

ABNT – ASSOCIAÇÃO BRASILEIRA DE NORMAS TÉCNICAS. NBR 9077: saídas de emergência em edifícios. Rio de Janeiro, 2001. 35 p.

ABNT – ASSOCIAÇÃO BRASILEIRA DE NORMAS TÉCNICAS. NBR 10844: instalação predial de águas pluviais. Rio de Janeiro, 1989. 13 p.

ARACAJU (Município). Projeto de Lei Complementar de 19 de novembro de 2010. *Código Municipal de Obras e Edificações*. Aracaju (SE), 2010.

BARUERI (Município). Lei Complementar nº 4, de 12 de dezembro de 1991. *Código de Edificações*. Barueri (SP), 1991.

BELÉM (Município). Lei nº 7400, de 25 de janeiro de 1988, das Edificações. Belém (PA), 1988.

BELÉM (Município). Lei Complementar nº 2, de 19 de julho de 1999. *Controle Urbanístico*. Belém (PA), 1999.

BELO HORIZONTE (Município). Lei nº 9725, de 15 de julho de 2009. *Código de Edificações*. Belo Horizonte (MG), 2009.

BOA VISTA (Município). Lei nº 926, de 29 de novembro de 2006. *Uso e Ocupação do Solo Urbano*. Boa Vista (RR), 2006.

BRASIL. Lei nº 9.503, de 23 de setembro de 1997. Institui o Código de Trânsito Brasileiro. *Diário Oficial de União*, Brasília, p. 21201, 24 set. 1997.

BRASÍLIA (Município). Lei nº 2105, de 6 de outubro de 1998. *Código de Obras e Edificações*. Brasília (DF), 1998.

CAMPO GRANDE (Município). Lei nº 1866, de 26 de dezembro de 1979. *Código de Obras*. Campo Grande (MS), 1979.

CET – COMPANHIA DE ENGENHARIA DE TRÁFEGO (São Paulo) (Org.). *Boletim Técnico n° 33*. São Paulo, [entre 1983 e 1985]. 64 p.

CET – COMPANHIA DE ENGENHARIA DE TRÁFEGO (São Paulo) (Org.). *Manual de sinalização urbana*: sinalização horizontal. rev. 3. São Paulo, 2019a. v. 5.

CET – COMPANHIA DE ENGENHARIA DE TRÁFEGO (São Paulo) (Org.). *Manual de sinalização urbana*: regulamentação de estacionamento e parada. Estabelecimentos – sinalização de vagas reservadas – critérios de projeto. rev. 5. São Paulo, 2019b. v. 10, parte 12.

CHEVROLET (Brasil). *Manuais dos proprietários*. São Paulo, [201-?]. Disponível em: <https://www.chevrolet.com.br/servicos/manuais-veiculos>. Acesso em: 15 abr. 2019.

CONTRAN – CONSELHO NACIONAL DE TRÂNSITO (Org.). *Manual brasileiro de sinalização de trânsito*: sinalização horizontal. Brasília, 2007. 128 p.

CORPO DE BOMBEIROS DA POLÍCIA MILITAR DO ESTADO DE SÃO PAULO. *Instrução Técnica n° 11*: saídas de emergência. São Paulo, 2019a.

CORPO DE BOMBEIROS DA POLÍCIA MILITAR DO ESTADO DE SÃO PAULO. *Instrução Técnica n° 20*: sinalização de emergência. São Paulo: Fundabom, 2019b. 27 p. Disponível em: <http://www.corpodebombeiros.sp.gov.br>. Acesso em: 15 dez. 2018.

COSTA, J. F. P. *Projecto de um parque de estacionamento*. 2008. 115 f. Dissertação (Mestrado) – Curso de Engenharia, Engenharia Civil, Universidade do Porto, Porto, 2008.

CUIABÁ (Município). Lei Complementar n° 102, de 3 de dezembro de 2003. *Código de Obras e Edificações*. Cuiabá (MT), 2003.

CURITIBA (Município). Lei n° 11095, de 21 de julho de 2004. Normas que regulam a aprovação de projetos, o licenciamento de obras e atividades, a execução, manutenção e conservação de obras. Curitiba (PR), 2004.

CURITIBA (Município). Decreto n° 1021, de 15 de julho de 2013. Normas para estacionamento ou garagem de veículos. Curitiba (PR), 2013.

DNIT – DEPARTAMENTO NACIONAL DE INFRAESTRUTURA DE TRANSPORTES. *Manual de projeto de interseções*. IPR-718. Rio de Janeiro, 2005. 530 p.

DNIT – DEPARTAMENTO NACIONAL DE INFRAESTRUTURA DE TRANSPORTES. *Manual de estudos de tráfego*. IPR-723. Rio de Janeiro, 2006. 384 p.

EGER, R. Critical Design Parameters for Garages. *Gradevinar*, Wiesbaden, p. 565-569, 10 jul. 2013. Disponível em: <rudolfeger.homepage.t-online.de/praesentation/Handbuch%20Garagenplanung%20RE%202018.pdf>. Acesso em: 29 dez. 2018.

FIAT (Brasil). *Manual*. Betim, [201-?]. Disponível em: <https://servicos.fiat.com.br/como_cuidar_do_seu_fiat/manual_do_veiculo.html>. Acesso em: 15 abr. 2019.

FLORIANÓPOLIS (Município). Lei Complementar n° 60, de 11 de maio de 2000. *Código de Obras e Edificações*. Florianópolis (SC), 2000.

FORTALEZA (Município). Lei n° 5530, de 23 de dezembro de 1981. *Código de Obras e Postura*. Fortaleza (CE), 1981.

GM (Brasil). *Manual do proprietário*. 2018.

GOIÂNIA (Município). Lei Complementar n° 177, de 9 de janeiro de 2008. *Código de Obras e Edificações*. Goiânia (GO), 2008.

JEEP (Brasil). *Manual do proprietário*. Goiânia, [201-?]. Disponível em: <https://www.jeep.com.br/proprietarios/manuais.html>. Acesso em: 15 abr. 2019.

JOÃO PESSOA (Município). Lei nº 2102, de 31 de dezembro de 1975. *Código de Urbanismo.* João Pessoa (PB), 1975.

JOÃO PESSOA (Município). Portaria Sttrans nº 47, de 7 de agosto de 2002. Critérios para anuência da Sttrans de projetos de edificações ou empreendimentos que possam transformar-se em polos atrativos de trânsito. João Pessoa (PB), 2002.

KIA (Brasil). *Manual.* São Paulo, [201-?]. Disponível em: <https://www.kia.com.br/cerato/especificacoes>. Acesso em: 15 abr. 2019.

KIA (Brasil). *Manual.* São Paulo, [201-?]. Disponível em: <https://www.kia.com.br/picanto/especificacoes>. Acesso em: 15 abr. 2019.

KIA (Brasil). *Manual.* São Paulo, [201-?]. Disponível em: <https://www.kia.com.br/soul/especificacoes>. Acesso em: 15 abr. 2019.

LAND ROVER (Brasil). *Catálogo.* São Paulo, [201-?]. Disponível em: <https://www.landrover.com.br/download-a-brochure/index.html>. Acesso em: 15 abr. 2019.

LEXUS (Brasil). *Manuais do veículo.* São Paulo, [201-?]. Disponível em: <https://www.lexus.com.br/pt/servicing-and-support/manuais-do-veiculo.html>. Acesso em: 15 abr. 2019.

MACAPÁ (Município). Lei Complementar nº 31, de 24 de junho de 2004. *Código de Obras e Instalações.* Macapá (AP), 2004.

MACEIÓ (Município). Lei nº 5593, de 8 de fevereiro de 2007. *Código de Urbanismo e Edificações.* Maceió (AL), 2007.

MANAUS (Município). Lei Complementar nº 3, de 16 de janeiro de 2014. *Código de Obras e Edificações.* Manaus (AM), 2014.

MANAUS (Município). Lei nº 673, de 4 de novembro de 2002. *Código de Obras e Edificações.* Manaus (AM), 2002.

MITSUBISHI (Brasil). *Manuais.* São Paulo, [201-?]. Disponível em: <https://mitsubishimotors.com.br/manuais>. Acesso em: 15 abr. 2019.

NATAL (Município). Lei Complementar nº 55, de 27 de janeiro de 2004. *Código de Obras e Edificações.* Natal (RN), 2004.

PALMAS (Município). Lei Complementar nº 305, de 2 de outubro de 2014. *Código Municipal de Obras.* Palmas (TO), 2014.

PORTO ALEGRE (Município). Lei Complementar nº 284, de 27 de outubro de 1992. *Código de Edificações.* 5. ed. Porto Alegre: Corag, 2001.

PORTO VELHO (Município). Lei Complementar nº 97, de 29 de dezembro de 1999. Parcelamento, *Uso e Ocupação do Solo.* Porto Velho (RO), 1999.

RECIFE (Município). Lei nº 16176, de 15 de julho de 2013. *Uso e Ocupação do Solo.* Recife (PE), 2013.

RECIFE (Município). Lei nº 7427, de 19 de outubro de 1961. *Código de Urbanismo e Obras:* Codificação das Normas de Urbanismo e Obras. Recife (PE), 1961.

RIO BRANCO (Município). Lei nº 1732, de 23 de dezembro de 2008. *Código de Obras e Edificações.* Rio Branco (AC), 2008.

RIO BRANCO (Município). Lei Complementar nº 48, de 25 de julho de 2018. *Código de Obras e Edificações.* Rio Branco (AC), 2018.

RIO DE JANEIRO (Município). Lei Complementar nº 31, de 2013. *Código de Obras e Edificações.* Rio de Janeiro (RJ), 2013.

RIO GRANDE (Município). Lei nº 2606, de 22 de maio de 1972. *Código de Edificações*. Rio Grande (RS), 1972.

SALVADOR (Município). Lei nº 8167, de 29 de dezembro de 2011. *Ordenamento de Uso e da Ocupação do Solo*. Salvador (BA), 2011.

SÃO LUÍS (Município). Lei nº 3253, de 29 de dezembro de 1992. *Zoneamento, Parcelamento, Uso e Ocupação do Solo Urbano*. São Luís (MA), 1992.

SÃO PAULO (Município). Lei nº 11228, de 4 de junho de 1992. *Código de Obras e Edificações*: COE. São Paulo (SP), 1992.

SÃO PAULO (Município). Lei nº 16642, de 7 de julho de 2017. *Código de Obras e Edificações*: COE. São Paulo (SP), 2017.

SMART (Portugal). *Dados técnicos*. Sintra, [201-?]. Disponível em: <https://www.smart.com/pt/pt/modelos/fortwo-coupe#332>. Acesso em: 15 abr. 2019.

SMART (Portugal). *Dados técnicos*. Sintra, [201-?]. Disponível em: <https://www.smart.com/pt/pt/modelos/forfour#353>. Acesso em: 15 abr. 2019.

SUZUKI (Brasil). *Folder*. Goiânia, [201-?]. Disponível em: <https://www.suzukiveiculos.com.br/uploads/folder/06c7420a73b0db25cddfbd4dc486eab49bda9a73.pdf>. Acesso em: 15 abr. 2019.

TERESINA (Município). Lei Complementar nº 4729, de 10 de junho de 2015. *Código de Obras e Edificações*. Teresina (PI), 2015.

USAF – UNITED STATES AIR FORCE. *Landscape Design Guide*: Parking Design Considerations. 1998. Disponível em: <https://www.wbdg.org/FFC/AF/AFDG/ARCHIVES/usaf_landscape.pdf>. Acesso em: 15 jan. 2019.

VITÓRIA (Município). Lei nº 4821, de 30 de dezembro de 1998. *Código de Edificações*. Vitória (ES), 1998.

VOLKSWAGEN (Brasil). *Manuais*. São Paulo, [201-?]. Disponível em: <https://www.vw.com.br/pt/servicos/manuais-e-garantia/manuais.html>. Acesso em: 15 abr. 2019.